5G

與人工智慧
的商業運用

前言

隨著人工智慧產業競爭的不斷加劇,大型人工智慧企業間並購整合與資本運作日趨頻繁,企業越來越重視對人工智慧的研究。在這種情況下,優秀的人工智慧品牌紛紛崛起,逐漸成為業界翹楚。

伴隨 5G 的商用,人類將進入一個將行動網路、人工智慧、大數據、智慧學習整合起來的智慧網路時代。在 5G 時代,人工智慧、大數據和智慧學習的能力將充分發揮,並被整合成強大的超級智慧系統。這個系統將改變人們生活的方方面面,如娛樂、教育、醫療、金融…。

目前,有關人工智慧的概念、發展歷程及 5G 方面的書籍,市場上已有很多,而關於在 5G 和人工智慧的助力下,如何孵化智慧商業,目前成功落地的產品,以及如何從使用者場景和服務出發實現真正的商業應用方面的書籍較少,而這些內容又是讀者最關心的。因此,作者以此為切入點,並結合自身開發人工智慧和 5G 相關產品的經驗,撰寫了這本書。

本書並非科普型的圖書,而是與產業深度融台,從 5G 和人工智慧如何進行商業落地著手,並以成功落地的一些產品為例,向讀者詳細介紹了如何在各行各業讓超級智慧商業體實現真正的落地。

目 錄

chapter 3　智慧商業如何落地

chapter 4　智慧 + 生活服務：
　　　　　　讓複雜的生活變得更簡單

chapter 5　智慧 + 娛樂：開啟未來新體驗

chapter 6　智慧 + 教育：
　　　　　　開啟教育領域新一輪角逐大戰

chapter 7　智慧 + 醫療：革新醫療業，使人工智慧成為爆發點

chapter 8　智慧 + 金融：創新智慧金融
產品和服務，發展金融新業態

chapter 9　5G+ 人工智慧的商業未來

chapter 1

5G 浪潮下的
超級智慧來臨

在 科技浪潮中，過去 30 年是「網際網路革命」，未來 30 年是「人工智慧大革命」和「5G 賦能革命」。如今，超級智慧 5G 技術下的時代已經悄然來臨，你準備好了嗎？

關於這個時代的利弊，各界人士也是眾說紛云，總之是利弊共存。但我們相信人工智慧是未來趨勢，其未來必然會是光明的。同時不可否認的是 5G 的浪潮已經來臨，它將給人工智慧帶來革命性變化。

超級智慧到底是什麼

當下，在 5G 技術助力下的人工智慧不斷被熱捧，但很多人並非真的懂什麼是 5G+ 人工智慧，而是對 5G+ 人工智慧的看法過於極端，或有迷思，更不能理解什麼是超級智慧。例如，有些人認為只有極少數人可以做到，而電腦可以輕易做到的事才屬於智慧。

既然人們對人工智慧存在這麼多的疑慮與困惑，那麼人工智慧到底是什麼？它是不是「假」智慧？它和 5G 又有何關係？這些都是必須要解釋的問題。

▎1.1.1 人工智慧，是不是「假」智慧

人工智慧（Artificial Intelligence, AI）是一種人造的智慧，是「假」智慧，這是按照人工智慧的英文名稱「Artificial Intelligence」來理解的。單詞 Artificial 有很多中文意思，如人工的、非原產地的、虛假的等。這裡之所以說人工智慧為「假」智慧，是因為它的確是人造出來的智慧，是非原生的智慧。它是相對於人的智慧、真正的智慧而言的，至今我們對人的智慧的理解還處於表面層次，人的大腦僅僅開發了 10%，我們還不能理解人的很多行為和大腦智慧的展現方式。

有人說，人工智慧只不過是電腦程式的花俏名字。的確，在大多數情況下，人工智慧系統並不具備自我意識，而只是一個軟體，它只能透過電腦程式完成一些人類認為的「智慧」動作。

雖然説人工智慧是「假」智慧，但人工智慧的效果不假，反而更真實、便捷、高效。人工智慧是一門富有挑戰性的科學，涵蓋面極廣，不僅涉及電腦領域、心理學領域、數學領域，還涉及神經生理學、訊息論及哲學領域。總而言之，人工智慧是一門充滿包容性的邊緣科學和交叉科學。

那麼，人工智慧究竟是什麼呢？

目前，關於人工智慧的定義有很多，表述也不同。

例如，由美國作家羅素（Stuart J.Russell）與諾維格（Peter Norvig）合著的《人工智慧：一種現代的方法》（Artificial Intelligence: A Modern Approach）是這樣定義人工智慧的：「人工智慧是類人行為，類人思考，理性的思考，理性的行動。人工智慧的基礎是哲學、數學、經濟學、神經科學、心理學、電腦工程、控制論、語言學。人工智慧的發展，經過了孕育、誕生、早期的熱情、現實的困難等數個階段」。

美國麻省理工學院的溫斯頓教授這樣定義人工智慧：「人工智慧就是研究如何讓電腦去做過去只有人才能做的智慧工作」。與此同時，創新工場董事長兼 CEO 李開復在《人工智慧》中描述：「人工智慧是一種工具」。人工智慧的目的是使機器更好地感知人們的行為，並做出合理的決策，從而為人們更好地服務。

整體而言，人工智慧的最終目的就是透過賦予機器智慧，幫助人們生活得更美好。例如，我們可以賦予機器人優美的嗓音、美麗的容貌，同時為它輸入各種曲風的歌曲，讓它成為音樂家；我們也可以賦予機器人各類專業知識，使它成為一名知識小達人；我們還可以賦予機器人一些幽默的段子或者有趣的笑話，使它成為一名喜劇演員。

人工智慧分為三種形態，分別為弱人工智慧、強人工智慧和超人工智慧，如圖 **1-1** 所示。

圖 1-1 人工智慧的三種形態

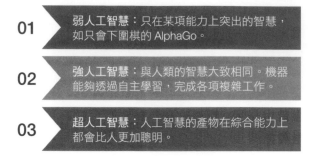

01　弱人工智慧：只在某項能力上突出的智慧，如只會下圍棋的 AlphaGo。

02　強人工智慧：與人類的智慧大致相同。機器能夠透過自主學習，完成各項複雜工作。

03　超人工智慧：人工智慧的產物在綜合能力上都會比人更加聰明。

但是，人工智慧現在僅停留在弱人工智慧的層面。弱人工智慧無處不在，智慧型手機內的一些 App 或一些系統內建的智慧功能都屬於弱人工智慧。例如，酷狗音樂的聽歌識曲、遊戲中的「人機鬥地主」或其他遊戲的「人機玩法」，以及手機版 Siri、語音識別、指紋解鎖都屬於弱人工智慧。

強人工智慧甚至超人工智慧時代的到來，還需要更多資金的投入、人才的培訓、科技的研發。在人工智慧的道路上，我們現在只是走了一小步，未來還有更遠的路要走。

1.1.2　人工智慧：
　　　　幫助人解決問題，非提升機器的智慧

人工智慧的最終目的就是幫助人們解決問題，並非單純地提升機器的智慧，而是要讓它有一定的用武之地。如果僅僅為了提升機器的智慧而進行人工智慧的研發，忽視了機器智慧在現實社會中的實際應用，忽視了機器智慧的人本情懷及倫理道德底線，就會本末倒置。

對此，2018 年 5 月 26 日，在貴州「機器智慧高峰論壇」上，馬雲在談到柯潔和 AlphaGo 的人機大戰時表示，中國企業搞 AlphaGo 這些東西沒多大意義。馬雲說：「下圍棋本來多有樂趣，結果機器從來不下臭棋，樂趣都沒了，有什麼意思？」

馬雲還認為，不必擔心機器戰勝人類，技術是用來解決問題的，機器會比人類更強大，但不會比人類更明智。只有將人工智慧的技術應用到生活中，應用到有意義的事情上，我們的生活才會更美好。所以，人工智慧產品研發應用的重點應該是解決現實問題，而不僅僅去研發像 AlphaGo 之類的、一味地提升機器智慧的產品。

同時，我們應該注意，一味地提升機器的智慧，而忽視了道德底線也將會是人類的災難。

在很多科幻電影裡，我們都可以看到機器人，如《瓦力》、《變形金剛》、《人工智慧》等。在這類科幻片裡，普通人都會感嘆機器人力量的強大，卻不會從人工智慧的角度進行合理的思考。

《變形金剛》中的機器人，在人工智慧的形態上屬於強人工智慧。它們都擁有超乎常人的速度與力量，而且還會思考，甚至在關鍵時刻還能夠拯救人類。

當然，《變形金剛》裡也不全是好的機器人，還有邪惡的機器人，它們的目的就是用自己的強大力量毀滅人類。其實這類科幻電影也為人工智慧的發展提出了一個明確的目標：人工智慧無論多強大，都不應該毀滅人類，而應該幫助人類解決問題，為人類服務。

《瓦力》就很好地表達了這一點。機器人瓦力出現在未來的地球社會，那時的地球狼藉不堪，到處充斥著垃圾……瓦利的任務就是一點點地清理這被汙染的環境，還地球一片青山綠水。而且它確實這樣做了，它不遺餘力地幫助人類。

這就是一種單純的美好，也是我們發展人工智慧的美好初衷。

在未來社會，發展人工智慧的最低目標是透過賦了機器智慧，讓機器智慧更好地為人類的發展服務，最高目標就是做到「機器與人和諧共處」。

綜上所述，人工智慧應該使生活更美好，使人性更美好。如果為了技術而技術，為了智慧而智慧，那麼人類必然會淪為技術的附庸，淪為機器的奴隸，這也是所有人不願看到的。

▌1.1.3 人工智慧迷思：
　　用機器完成超越人類智慧的產品

人工智慧在迅速發展的同時，人們對人工智慧的認識也在不斷發展。但是，對於科技的發展，人們大都會有如**圖 1-2** 所示三種態度。

圖 1-2 人們對科技發展三種態度

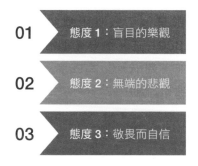

```
01  態度 1：盲目的樂觀
02  態度 2：無端的悲觀
03  態度 3：敬畏而自信
```

第一種態度：對科技的發展保持盲目的樂觀，始終堅信技術決定論。這類人普遍認為科技產品最終會替代人類，未來一定是高效率、多元化、自由的社會。持這種態度的人，往往會忽視科技在發展中存在的道德力量。例如，複製人就是一個典型的案例。

Google 技術總監雷‧庫茲韋爾（Ray Kurzweil）是一個對技術保持高度樂觀的人，比爾‧蓋茲也稱讚他為「預測人工智慧最準的未來學家」。而且他的預言總是高度樂觀的，他曾這樣預言人工智慧──「人工智慧將超過人類智慧」。

同時他在自己的代表作《奇點臨近》（The Singularity Is Near）中為這一時刻的到來立下了一個完美的時間約定。他在書中這樣寫道：「由於技術發展

呈現指數式的成長，機器能模擬大腦的新皮質。到 2029 年，機器將達到人類的智慧水平；到 2045 年，人與機器將深度融合，那將標誌著奇點時刻的到來。」

第二種態度：對科技的迅猛發展保持過度的擔憂，總是患得患失。他們認為科技的發展會使社會的失業率增加，人們收入的不平衡擴大，社會財富會更加向擁有技術的人的方向傾斜。在工業革命剛開始時，就有很多工人反對蒸汽機在工業上的運用，因為機器取代了人工，使他們逐漸失業了。可是他們不曾想到的是，技術的進步必然會淘汰落後的工作種類，同時又會產生新的工作機會。

天才物理學家史蒂芬・霍金在人工智慧方面顯示出消極態度。他在接受 BBC 採訪時有過這樣的陳述——「人工智慧的發展可能會終結人類文明」。

第三種態度：對科技的進步保持適度的樂觀，他們認為可以充分利用科技為人類造福，而且對技術始終保持一顆敬畏之心。

只有做到自信豁達、不卑不亢，對科技的力量保持畏懼之心，才有可能真正利用技術為人類的發展造福。

蘋果公司 CEO 庫克（Tim Cook）曾經對人工智慧發表了自己的看法。他的態度是理智的、自信的，也是我們社會廣大群眾應該普遍接受的觀點。當然，這裡沒有強行說服讀者的意思，只是一種提倡。

庫克說：「很多人都在談論人工智慧，我並不擔心機器人會像人類一樣思考，我擔心人類像機器人一樣思考。」

在庫克心中，人工智慧只是人們研發的一項技術，與過去的技術相比，只是更智慧一些而已。但是智慧化的技術也只是機器智慧，不可能完全超越人類的智慧。因為人工智慧不是人，不可能有意識。人工智慧的唯一目的只有一個——為社會發展提供更好的技術支援，使人類活得更有尊嚴。

總之，我們要避開人工智慧發展的迷思，對人工智慧的發展有一個明確、清晰的認識。在遠離迷思的同時，也要始終對自己保持信心，同時堅守科技對倫理的道德底線。只有這樣，我們才能說，無論人工智慧如何發展，人類都是最大的贏家。

1.1.4 5G 下的人工智慧是什麼樣的

現在，很多技術都開始和人工智慧結合，5G 自然是其中一個，二者攜手可以使經濟價值得到釋放，是一種相輔相成的關係，具體可以從以下四個方面進行說明。

1. 5G 促進入工智慧的發展

5G 具有低延遲、傳輸快速的特點，這些特點可以助力智慧裝置的大規模使用。延遲是指訊號從發送到接收的時間，這個時間越短，對智慧裝置就越有利。例如，透過低延遲的智慧裝置，醫生可以為患者遠端實施一台闌尾炎手術，在這個過程中，醫生的指令會在第一時間傳遞，從而有效保障患者的生命安全。

2. 5G+ 人工智慧 = 多樣化場景

5G 和人工智慧的結合讓兩者的應用場景更加多樣，在未來，會做飯的機器人、準時接送孩子的無人校車等都可能會出現。

現在，在 5G 的助力下，人工智慧越來越多地被應用於我們的日常生活，無論是公園的智慧清掃車，還是圖書館內的人工智慧流動車，或是遠端操控汽車等，都在逐漸湧現。此外，像在礦區、災區的危險作業中，智慧港口管理這些更大範圍的應用中也可以看到人工智慧的身影。

3. 智慧裝置的資料處理

相關資料顯示，預計到 2021 年，智慧裝置產生的資料量將超過 840ZB，如果要處理如此巨大的資料量，那就必須充分發揮 5G 的力量。在 5G 的助力下，智慧裝置之間的資料傳輸、處理會變得更加快速。

4. 5G 的瓶頸

雖然 5G 下的人工智慧出現了可喜的景象，但從目前的情況來看，5G 還存在一些讓我們不得不解決的問題。首先，在 5G 中，智慧裝置基本上都是相互連接的，這導致攻擊者很容易就能造成混亂；其次，5G 推出以後，智慧裝置的交易會比之前成長很多，而目前中心化和去中心化的基礎設施很難（或者根本無法）承載如此巨大的成長。

總而言之，在看待 5G 與人工智慧之間的關係時，我們必須用發展的眼光和立體的角度來看待，這樣才能充分感受到二者的價值。而且，在正確架構的指引下，邊緣計算、虛擬實境、物聯網等技術也將發揮作用，讓人們的工作和生活發生巨大變化。

超級智慧時代的
歷史演變

人工智慧的發展可以用一波三折、命運多舛來形容。

關於人工智慧的歷史，業外人士鮮為人知。許多人都認為現在人工智慧如此熱門是媒體大力宣傳的結果，是商界大咖爭相使其商業化的結果。其實不全是如此，人工智慧的歷史還遵循其自身發展的內在規律。

人工智慧的歷史已經有 60 餘年了。在這 60 餘年裡，包含了工業時代、電腦時代、人工智慧時代、5G 時代。

在每個時代裡，人工智慧都展現出了全新的模樣。

現階段，憑藉相對發達的技術及孜孜不倦的研究，我們相信，人工智慧的發展必將迎來新的輝煌。

1.2.1 工業時代，從不智慧到智慧

在前兩次工業革命時代，雖然生產力大大提升，工作效率快速提高，然而，生產製造工具依然只是簡簡單單的工具。如果沒有人使用，那麼一台發電機就是一堆材料的無意義組合；一台汽車，如果沒有人進行發動、駕駛，那麼汽車也只是精緻的鋼鐵的完美組合，只是一個「花瓶」。

總而言之，前兩次工業革命時代仍然是一個不智慧的時代。真正智慧時代的到來還得從電腦的研發講起。電腦的研發，與艾倫・圖靈的生命傳奇密不可分。

圖靈是一位科學大師，由於個人的性取向問題被世人攻訐。他的晚年生活是不幸的，最後自殺身亡，人們發現的時候，他的手裡有一個蘋果，還被咬掉了一口。據說，蘋果公司的 Logo 就源於圖靈的這一傳奇事件。

英國前首相卡梅倫曾這樣評價圖靈：「他在破解二戰的德軍密碼、拯救國家上發揮了關鍵作用，是一個了不起的人。」

圖靈是英國的一位數學家和邏輯學家，他在自然科學領域有著極高的天賦，而且學習也十分努力。可是他卻是一個矛盾的統一體，他身上既能夠體現出謙和的特點，同時又總是率性而為，總之他是一位極富傳奇色彩的科學巨匠。

知名雜誌《科學人》（Scientific American）對性情矛盾的圖靈的一生也有過十分精彩的評價。原文如下：個人生活隱秘又喜歡大眾讀物和公共廣播，自信滿滿又異常謙卑。一個核心的悖論是，他認為電腦能夠跟人腦並駕齊驅，但是他本人的個性是率性而為、我行我素，一點也不像機器輸出來的東西。

所以，圖靈總是對世界上的新鮮事物有濃厚的興趣。在「二戰」中，他憑藉自己的數學才能，迅速破譯軍事密碼，為和平的成功到來做出了傑出貢獻。

同時，他在「二戰」前就對電腦科學方面有過深入研究。「二戰」後，他又進行了深入研究，最終，在曼徹斯特大學，他研發出了「曼徹斯特馬克一號」電腦。由於他在電腦等領域，特別是在人工智慧領域做出了傑出的貢獻，因此被稱為現代電腦科學的創始人。在 1966 年，美國電腦協會設立了圖靈獎，專門獎勵在電腦研究開發領域有傑出科技貢獻的人才。

機器智慧的提出還得從「圖靈測試」談起。

「二戰」結束後的兩三年內，即 1945－1948 年，圖靈的主要工作為研究開發自動計算引擎（ACE）。最終，於 1949 年，他在曼徹斯特大學成功製造出了一台真正的電腦——「曼徹斯特馬克一號」電腦。

與此同時,他繼續進行關於「機械智慧」的研究。他在對人工智慧的科學
探索中,提出了圖靈測試。圖靈測試的大致模型如**圖 1-3** 所示。

圖 1-3 圖靈測試的大致模型

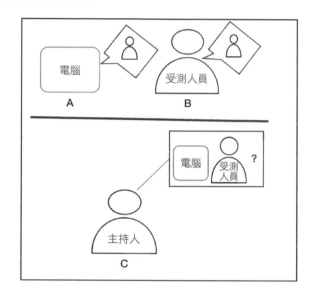

從**圖 1-3** 中可見,圖靈測試由 A、B、C 三部分構成。A 代表回答測試問題
的電腦,B 代表被測試人員,C 代表主持人。

在測試過程中,A 與 B 分別被放置在兩個不同的房間裡,由 C 提問,由 A
和 B 分別做出回答。B 在回答 C 提出的問題時,要儘可能表明他是人而非
電腦。相對應地,A 在回答 C 提出的問題時,也要儘可能地模仿人的思維
方式、邏輯方式和談話技巧。

如果 C 聽取他們各自的答案後,分不清哪一個是真正的人回答的,哪一個
是電腦回答的,電腦成功地欺騙了主持人,那麼我們就可以認為電腦具有
智慧。

圖靈測試很具體地解決了困惑人們很久的關於「人工智慧的定義」的問
題。圖靈測試並沒有為人工智慧定義嚴苛的標準,而是在說明機器只要能
夠與人對話、進行思考,那麼就達到了機器智慧的目標。

在人工智慧研究的領域，圖靈一直在探索，從未停止研究的步伐。1952
年，圖靈寫了一個簡單的象棋程式。可是，由於當時電腦的資料儲存基數
小、資料處理能力差，電腦在與人對弈的過程中，總是顯得有些「低能」。
最終，他的電腦象棋程式以失敗而告終。

但是圖靈的偉大，在於能夠啟發後世。基於圖靈象棋程式的研究開發，才
有後來 IBM 的「深藍」在西洋棋界舉世矚目的成就，也才有今天 AlphaGo
的輝煌。

綜上所述，在工業時代，從不智慧到智慧是一個巨大的飛躍，但我們要清
醒地認識到，科技還是要不斷發展的。如今，我們的研究仍在弱人工智慧
領域，所以，還是要不忘初心，勇敢前行。

1.2.2 電腦時代，人機互動

為了使電腦更智慧，使其更合理地解決人們的問題，提高電腦與人的互動
能力就是一項迫在眉睫的任務了。

人機互動已經有 50 多年的歷史了。從 1964 年，美國科學家道格拉斯・恩
格巴爾特發明滑鼠開始，人機互動就已經來臨了。透過使用滑鼠，人們能
夠更有效率地使用電腦，電腦也逐漸在生活領域、商業領域立足。

電腦從軍事領域向生活領域的跨越是科技發展的必然產物，更是生活的需
要。也正是這樣，人們才逐漸適應了電腦，進入了電腦的主機時代，並慢
慢步入了電腦的 PC 時代。

可是時代仍在發展，電腦技術也越來越成熟。如今，不懂利用電腦的人可
說是現代文盲。在這樣的時代下，電腦也面臨著轉型。生活節奏的加快，
全球化行程的加快，商業運轉的高速化，都促使電腦開始新一輪的轉變。
電腦將逐漸適應人，例如，透過 SEO（搜尋引擎最佳化），智慧地為人們
推薦所需要的訊息。一步步地，電腦就逐漸進入了普適時代。

總而言之，人機互動的時代也就是從「人逐漸適應電腦」到「電腦逐漸適應人」不斷發展的時代。這個過程也大致經歷了三個階段，即電腦經歷了從主機時代到 PC 時代再到普適時代的演化。人機互動的發展歷程如**圖 1-4**所示。

整體來講，人機互動應該從三個角度綜合出發，分別是物理層面、認知層面和情感層面。只有綜合這三個方面的內容，電腦才會更加智慧，才能提供人們更好的服務。

圖 1-4 人機互動的發展歷程

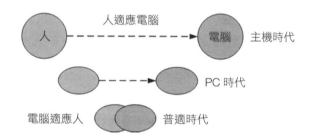

可是在 20 世紀末和 21 世紀初，科技的發展還遠遠不能使電腦能夠進行高效的認知，更不用提人性化的思考及獨特的情感體驗了。只有科幻作品中的電腦，才會有人的感情與人的思維。

然而，在物理層面，電腦的研發設計還是做得比較好的。電腦及其他智慧裝置也逐漸能夠進行基於語音、指紋、視覺等層面的人機互動，具體例證如下。

1. 基於語音的人機體驗

在 PC 時代，人機體驗一般都基於鍵盤和滑鼠，都是基於文字的互動式體驗，透過打字進行各項訊息的交流。起初，電腦操作比人工寫材料效率要高出百倍。

然而，時代在進步，用電腦進行文字交流效率漸低。為了更加人性化、高效化，研究人員開始進行語音系統的開發。所以，才有了如今更為成熟的語音辨識技術。

同時，智慧型手機自身的語音系統也在不斷改進。例如，利用蘋果 iOS 系統下的 Siri 語音服務，使用者可以與自己的手機進行各式各樣的對話。

你如果對 Siri 說，「打電話給爸爸」，Siri 就會直接進行相關的操作，直接撥電話給你的爸爸；你如果對 Siri 說，「幫我設定一個早晨 6:30 的鬧鐘」，它也會進行相關的操作。當然還有更加有趣的事情，你可以在無聊時和 Siri 進行各種對話，它都會根據系統設置的關鍵字進行相應的回答，有時你還可能聽到一些令人捧腹的「神回覆」。

2. 基於指紋的人機體驗

如今，指紋支付、指紋解鎖已經成為智慧型手機的必備功能。如果說原來智慧型手機帶指紋解鎖是一個特別的功能，那麼此時指紋解鎖功能就是一個基本功能。

首先，指紋辨識之所以流行，原因在於指紋資料的儲存空間小，容易被智慧型手機辨識；其次，隨著技術的進步，這項操作也越來越簡單；另外，指紋解鎖、指紋辨識更能保護隱私，防止私密文件洩露；最後，指紋解鎖比較穩定，比用密碼解鎖更加方便。

如果你使用密碼解鎖，還得記密碼，忘記了密碼又是一件麻煩的事情。然而，指紋解鎖或指紋支付就沒有那麼麻煩了。人的指紋變動很小，也比較穩定，只要設定好指紋，在進行相關操作時，只需輕輕一觸即可。

3. 基於視覺的人機體驗

基於視覺的人機體驗比指紋體驗歷史更久。從網路視訊對話，到如今的人臉識別解鎖，基於視覺的人機體驗也更加豐富多彩。然而，這些視覺體驗

還是比較低級的，在以後，視覺體驗的最終目的是讓機器讀懂人的臉部表情，還能理解人的心情，在此基礎上，利用它自己的相關知識，為人排憂解難。

說起來很美好，但是一步步地系統設計十分複雜，需要更多的科技工作者為之努力奮鬥。

總之，在電腦時代，人機互動體驗還是相當原始，仍然處於研發的幼苗期，要想取得長足的進步，還需要幾代科學家和相關從業人員的共同努力。

1.2.3 人工智慧時代，機器用人的方式與人溝通

AlphaGO 戰勝韓國圍棋高手李世石引起社會各界關注。無論是政府高層、優秀企業家還是普通社會群眾都對人工智慧發表了看法。社會各界普遍認為，現在已經從網路時代逐步過渡到了人工智慧時代。

準確來講，我們目前進入的是弱人工智慧時代。因為 AlphaGo 代表的人工智慧產品只會下圍棋，只能在圍棋領域進行智慧思考，只能說 AlphaGo 是圍棋圈內的行家。然而，在其他領域，AlphaGo 只是一台冷冰冰的機器。

即使在圍棋領域，AlphaGo 也顯得呆若木雞。雖然它憑藉晶片儲存的大數據及強大的資料處理能力戰勝了許多圍棋冠軍，但是它並沒有成功時的喜悅，只有冷冰冰的面容。

李彥宏曾說：「人工智慧是靠機器來理解人的意圖的，如果機器能夠理解人，那麼它自然而然也就能夠和人進行交流。所以我們說，網際網路只是『前菜』，人工智慧才是『主菜』，因為它們對這個社會的改變，在本質上不是一個量級的。」

所以，在人工智慧時代，讓機器學會用人的方式與人溝通，就是讓機器學會用語言、眼神、肢體動作等類人的方式與人進行高效的溝通。總而言之，人工智慧最主要的目的就是讓機器能像正常人一樣來理解人類、能夠知道人類的意圖。

同時，李彥宏還説過，百度的責任要從「連接訊息」轉換到「喚醒萬物」，之所以能夠這樣，是因為人工智慧使得「喚醒萬物」成為可能。這就是百度人的新使命。

這樣的描述聽起來像科幻小説、科幻電影中才有的場景。然而，在弱人工智慧時代，這些也在逐漸成為現實。

百度研發設計的人工智慧的典型產品就是度秘（Duer）。度秘的理念是「智慧的度秘，只提供給你最好的選擇」。同時，度秘也是百度「喚醒萬物」的典型智慧產品。

度秘是能對話的人工智慧秘書，依靠 DuerOS 對話式人工智慧系統進行語音操作。而且度秘在應用中能夠透過語音識別系統、自然語言處理進行深度的自主學習，不斷提高自己的智慧。

普通使用者只需要使用語音、圖片或文字訊息，就能夠與度秘進行一對一的溝通。這時的度秘，就像一個無所不知的專家。

只要你有需求，並説出你的需求，度秘就能依靠巨量的資料庫及強大的資料處理能力，幫助你解決問題。

如果你是貪吃鬼，那麼度秘就是一位美食鑑賞家。當你在飯店糾結，不知該吃什麼的時候，只要告訴度秘你的相關需求，它就會為你推薦幾款適合你的美食。

如果你是電影愛好者，那麼度秘就是你志同道合的朋友。度秘其實也是一個超級影迷，在它的資料庫中不僅收藏了巨量電影，而且它永遠能推薦你最合適的電影。不管是高評價電影、經典電影還是冷門電影，它都能滿足你的需求。

如果你是個工作狂無暇顧及孩子的教育，那麼此時度秘就是一位不錯的教育專家。度秘可以儲存巨量的故事，涉及面廣，不僅包括童話故事還包括文史故事。孩子想聽什麼故事，直接對度秘講，度秘就會娓娓道來。這樣，你在工作的時候，就不會擔心孩子的教育問題了。

總之，暖心的度秘能夠幫我們打造有序的生活。

當然，我們不能否認，在弱人工智慧時代，機器畢竟是機器，有著屬於自己的缺陷，可能會少一些人情味，但我們未來努力的方向也就更加明確了，那就是使機器學會用人的方式與人溝通，使我們的生活更加便捷高效。

▌1.2.4 5G 時代，「個性化訂製」+「網隨人動」

5G 時代，人工智慧將為我們提供更多「個性化訂製」服務，其自身對網路系統的自製也會大幅度提高，進而有效減少人力資源的投入。

智慧終端的應用為網路的裝置管理提供了便利，以往的「人隨網動」隨著人工智慧的發展已經逐漸向「網隨人動」靠攏。「網隨人動」需要面臨大量的使用者、裝置和流量之間的調控，因此應用是核心。人工智慧系統為不同的應用提供獨立的邏輯網路，為不同的應用提供不同的網路需求，提高資源的利用率及網路的重構率。

由此可見，人工智慧和 5G 確實有天然的契合性，這樣的契合性也會為各行各業帶來更多變化，下面我們以旅遊業和零售業為例進行詳細說明。

在人工智慧和 5G 的快速升級下，提升服務的個性化已經成為旅遊業未來發展的重點工作，例如，以人工智慧和 5G 為依託的智慧鷹眼就極大地最佳化了景區管理。智慧鷹眼利用圖像採集終端和 5G 高速通訊的方式，完成影片和圖像的傳送，並且可以覆蓋景區全景。

另外，人工智慧和 5G 的結合，可以使旅遊業的服務更上一層樓，我們透過個性線路訂製、精品推薦、智慧導航等功能，讓遊客可以享受訊息獲取、行程規劃、商品預訂、遊記分享等方面的便利和智慧。

在零售業，人工智慧和 5G 也可以發揮強大的作用，例如現在的全息投影。目前，全息投影主要用於廣告宣傳和產品發布會中的展示，該技術可以根據品牌方的需要，為產品量身打造從色彩、形狀到表現形式都十分完美的

設計。這樣不僅可以突出產品的亮點,提升產品的銷售量,也可以讓消費者獲得全新的感官體驗。

全息投影在產品展示方面具有極其突出的優勢,品牌方將想要推廣宣傳的產品放在全息投影的櫥窗中,憑空出現的立體影像能夠 360 度高能旋轉,有利於吸引消費者的注意力,使消費者留下深刻的印象。

如果將全息投影應用於伸展台走秀中,還可以將模特兒的服飾與走步刻畫得十分美妙,讓消費者有一種虛擬與現實相融合的夢幻感覺。該技術顛覆了傳統的伸展台走秀,為品牌方後期的大規模銷售奠定了堅實基礎。

人工智慧和 5G 的結合讓生活擁有更多可能,人工智慧的應用已經逐漸從對圖像、資料和文字的資料分析,轉向通訊業和網路技術產業。

未來,網路的調度和資源調配會變得越來越複雜,而人工智慧憑藉其強大的調配能力能幫助運營商迎接 5G 時代的技術挑戰。與此同時,人工智慧的全能力、全場景產品也可以幫助企業實現更好、更快、更健康的發展。

生物智慧與機器智慧

人類的智慧從根本上説是生物進化的產物，它包括思維、本能、七情六慾等。而人工智慧則是與生物智慧相對的，它的思維基於清晰的邏輯運算而非人類的模糊思維，它沒有自然進化形成的種種本能，更沒有七情六慾或道德觀念。

總之，人工智慧不是大自然創造的產物，而是人類為了服務於自己而創造出來的產物，它沒有基因需要傳承，只是為了完成人類賦予自己的使命，更沒有生死之説。

▌1.3.1 生物智慧的定義

生物智慧（Biological Intelligence）是人腦在各種錯綜複雜的物理、化學作用過程中反映出來的，它屬於生理學和心理學的研究範疇。在生物智慧中，人的大腦是智慧的物質基礎，它決定著人類智慧的產生、形成和工作機理。

無論是螞蟻、蜜蜂，還是大象、蒼鷹，都有自己的智力。這些物種的智慧，統稱為生物智慧。生物智慧是生物順應自然、改造自然的產物，是一種天然的智慧。生物質能的最進階表現就是人類的智慧。

人類在自己的智慧系統支配下，創造了人工智慧。從根本上講，人類的智慧演進是生物進化的必然結果。

達爾文進化論的一個核心觀點是物競天擇，適者生存。

人類智慧的發展演進就是逐步適應自然、利用可利用的資源、改造周遭環境的結果。人類的進化史如**圖 1-5** 所示。

圖 1-5 人類的進化史

早在 250 萬年前，地球上就已經出現了類似於現代人類的動物，我們稱其為智人。智人有很多表親，如黑猩猩、長臂猿、獼猴等。智人的產生是適應環境，不斷進化的結果。

隨著地殼運動，東非大裂谷產生，大裂谷以東的地區降雨逐漸減少，逐漸出現了草原，於是這裡的猿類不得不適應環境，開始使用自己的雙腳，逐步站立起來；大裂谷以西的地區，仍舊雨水充沛，樹木林立，大猩猩和其他猿類依然生活得很自在，不用去適應自然的變化。經過數萬年的演化，智人就與猿人區分開來了。

由爬行到站立行走，不僅僅是走路形態的變化，最重要的是人類智慧的進化。直立行走後，智人的雙手逐漸解放，於是他們就去製造各種工具，用來獵取食物、製造房屋，求得生存發展。

海豚也是非常聰明的哺乳動物，海豚的腦容量比現代智人大 20% 左右，但為什麼海豚的認知能力沒有超過人類，發展出更先進的文明呢？原因是人類解放了雙手，在生活與實踐中，人類用自己的雙手去擴展大腦內的一些想法，並逐漸成為現實。然而，海豚卻受制於自身的體型及海洋環境，只能順應自然而不能改造自然。所以，海豚的智慧逐漸落後於人類的智慧。

其實，人類智慧的演進不單單是大腦的進化，更是欲望的需求和生活實踐的要求。

王嘉平目前擔任創新工場投資總監兼人工智慧工程院副院長，他曾經說：「人類的進化不單單包括大腦和神經系統突觸的進化，而是整個世界的進化相統一，與人類的欲望一致。」

隨著歷史的推進，環境的進一步變化，人類的智慧也越來越發達。人們逐漸學會了儲存火種、製造工具、種植糧食，於是，慢慢步入了農業社會。為了促進生產效率的提高，提高生活品質，人們又進行生產工具的改造，於是，蒸汽機就誕生了，人類開始步入工業社會。如果說蒸汽機的發明是經驗的積累與瓦特靈感碰撞的產物，那麼電力的發明完全是人類智力發展的結果。法拉第經過眾多試驗，發現了電磁感應定律，才有了發電機在生活實踐中的應用，人類社會也由此步入了第二次工業革命時代。隨著全球化的演進和訊息交流量的空前擴大，借助網路的力量，電腦也逐漸商業化、生活化，人類就步入了訊息時代。如今，借助網路大數據、深度學習，人工智慧的大發展又被拉入公眾的視野。在訊息社會，人工智慧的研究與發展也勢必會成為提高生產力的核心力量。

可見，人類的演化史其實也是一部人類智慧的演化史。隨著自然的進化，人類已經產生了高等智慧，是最高等級的生物智慧。人類的智慧更是自主智慧系統，人類能夠依靠自我的主動創造性適應社會、改造社會，使生活更加美好。

對於研究人工智慧的人來說，讓機器擁有人類的智慧是人工智慧的終極目標。所以，在研究人工智慧時，我們應以生物智慧為基礎，最大限度地理解生物智慧運用的是何種工作機理及生物的各功能部件有哪些結構關係。如果人類搞清楚了上述問題，就可以透過高度發達的技術（如電子、光學和生物的器件），構築類似於生物智慧的結構，然後對其進行模擬、延伸和擴展，從而打造出與人類似的「智慧」，這時才是真正實現了人工「智慧」。

願望總是美好的，現實總是殘酷的。由於人腦網路結構十分複雜及人類在對人腦機制和結構研究時有局限性，所以，人類現在對生物智慧的各種工作機理還沒有完全弄明白，對於基本智慧活動的機制和結構更是一頭霧

水。雖然人類對人腦機制和結構的理解有限，但幸運的是，隨著眾多研究人員多年的努力，人工智慧的主流理論已經從結構模擬的道路走向了功能實現的道路，這是令人欣慰的事。

所謂功能實現，美國科學家 James C.Bezedek 認為：「功能實現是將生物智慧看作黑箱，而人類只需控制黑箱中的輸入輸出關係，從輸入輸出關係上來看所要模擬的功能即可。」自從功能實現被提出之後，人類對於人工智慧理論的研究開始有了進一步發展，生物智慧研究的進展也不再緩慢，同時也讓功能實現成為現在人工智慧中較為系統的理論體系。

1.3.2 機器智慧相對於人類智慧

從整體來看，機器智慧與人類智慧是辯證統一的關係。

第一，機器智慧是人類智慧的產物。如果沒有人類智慧，那麼也就不會有機器智慧。第二，機器智慧的進步反過來促進社會的進步，促使人類更加聰明。

所以，人類智慧是機器智慧的根基，機器智慧是人類智慧的延伸。

人類智慧與機器智慧相比有很多值得令人深入思考的問題，而且還很有趣，具體體現在**圖 1-6** 所示的四個方面。

圖 1-6 人類智慧與機器智慧的對比

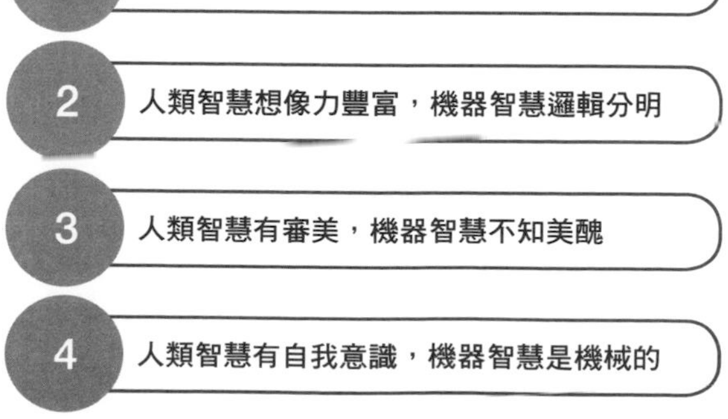

1. 人類智慧感情濃厚，機器智慧總是冷冰冰的
2. 人類智慧想像力豐富，機器智慧邏輯分明
3. 人類智慧有審美，機器智慧不知美醜
4. 人類智慧有自我意識，機器智慧是機械的

1. 人類智慧感情濃厚，機器智慧總是冷冰冰的

人作為萬物的靈長，不僅有智慧，更有情感。而且與其他低等生物相比，人的感情更加豐富。情感是連接人們心靈的紐帶。無論是親情還是愛情，這些都很難從科學的角度來衡量，我們只能從道德的角度去思考這些美妙的感情。

人能透過自己的臉部表情展現出喜怒哀樂等不同感情，而且還可以透過各種肢體動作來表達自己的感情，更重要的是人能夠透過語言來表達自己的心情。雖然貓狗等動物也能夠透過肢體動作和叫聲來表達自己的感覺，但是遠不如人類。

與機器相比，人類顯得情緒更加飽滿。雖然我們可以為機器輸入一段程式，讓它發笑，讓它表示感傷，但是機器的表達也總是程式化的、冷冰冰的。機器的笑是假笑，機器也不懂幽默。在這方面，機器智慧與人類智慧相比相差萬里。

2. 人類智慧想像力豐富，機器智慧邏輯分明

縱觀歷史，我們發現人類的發明創造總是與人類的聯想、想像力掛鉤。

當人們看到雄鷹展翅高飛，人類也想像著能在天空翱翔，萊特兄弟終於發明了飛機。飛機機翼的靈感來源，正是鳥兒的翅膀。同樣，人類的許多發明創造也都是基於仿生學的人類智慧。例如，輪船、跑車的製造與魚鰭和奔跑的獵豹相關。總而言之，人類智慧的研究成果都與豐富的想像力相關。

對應地，機器智慧則更加邏輯分明。AlphaGo 就是典型的例子。當人類賦予 AlphaGo 相關的圍棋技巧時，它會利用巨量的資料及自身強大的演算法，智慧地為自己提供下一步的演算法，而且機器智慧的邏輯推算都會選擇讓自己贏的機率更大一些，所以，才會有 AlphaGo 的神話。

綜上所述，我們不難發現，人類智慧的核心在於想像力和創造力。相反地，談起邏輯，被輸入相關程式、資料的電腦明顯會更加出色。

3. 人類智慧有審美，機器智慧不知美醜

機器智慧與人類智慧相比還有一個明顯的缺陷，就是機器不懂得審美。而審美是一個社會能力，隨著閱歷的增加、精神世界的不斷飽滿、人文知識的不斷豐富，人們的審美也會越來越個性化。

可是機器根本不懂得何為美麗、何為醜陋，更不用提審美了。雖然現在人們也在為電腦輸入一些關於審美的資料，但是效果並不理想。

例如，如果你是一名專業的詩歌鑑賞家，你的評論總是一針見血，而且令人回味無窮。然而機器的評論卻是各種資料的梳理匯總，陳詞濫調，索然無味。

4. 人類智慧有自我意識，機器智慧是機械的

人與機器的最大區別就在於人擁有自我意識，人懂得自我思考。

法國思想家帕斯卡有一句名言：「人只不過是一根葦草，是自然界最脆弱的東西；但他是一根有思想的葦草，用不著整個宇宙都拿起武器來才能毀滅；一口氣、一滴水就足以致他死命了。然而，縱使宇宙毀滅了他，人卻仍然要比致他於死命的東西更高貴得多；因為他知道自己要死亡，以及宇宙對他所具有的優勢，而宇宙對此卻是一無所知。」

人類的智慧在於人的自我意識，人能夠根據環境的變化調整自己的狀態，以迎接新的自然環境和社會環境，從而使自己能夠更好地適應社會。

然而，機器智慧就不會有獨一無二的思想了。機器智慧在目前社會發展的階段，只能說它是由專業知識和相關程式湊起來的百科式的機械程式。雖然它能夠更加迅速地為我們提供相關知識，但是這些知識不是整體化的，我們在獲得知識的時候並不會獲得求取知識的快樂。

綜上所述，人類智慧和機器智慧既存在相互依存的辯證關係，還存在明顯的區別。最核心的區別是，人類有現實思維，而機器智慧的思維卻基於清晰的邏輯運算，不含任何情感因素。

在人工智慧高速發展的今天，我們要發揮主觀能動性，以飽滿的情緒進行新的發明創造，讓人工智慧更好地為我們的社會服務。

chapter 2

超級智慧離不開
「大數據＋演算法＋服務」

到目前為止，大家對人工智慧的解釋有很多種。不過，對大多數人來說，他們對人工智慧的理解僅僅包含資料和演算法。其中，資料就是指大數據，演算法就是指深度學習的演算法。但是，從目前人工智慧的商業應用來說，人工智慧還離不開「服務」。現在所有的機器智慧肯定是對「大數據＋演算法＋服務」的整合，而不只是「大數據＋演算法」的組合。所以，人工智慧的基本要素必須包含資料、演算法、服三種，超級智慧時代更離不開這三大基本要素。

真正的智慧，是科技力量與人文關懷融合後的產物。也就是說，以後超級智慧的開發會在大數據與演算法的基礎上，強化產品對人類的服務能力。只有智慧產品的服務到位，這類產品才會獲得人們的信任，產品才能真正普及。

大數據：
從端到雲，從雲到端

Section 2-1

馬雲認為，雲端（Cloud+App）是未來行動網路的關鍵。目前，阿里巴巴在 App 端的表現不令人滿意，接下來要「端帶動雲，雲豐富端」，用資料創造價值，提升體驗，快速建設移動電子商務的生態系統。

網路的發展離不開「雲端一體」，人工智慧的長足發展更離不開「雲端一體」。我們在第 1 章談機器智慧的時候介紹過，我們進入了機器智慧時代，機器智慧時代的核心也是「雲端一體」。

在人工智慧快速發展的時代，離不開大數據的收集、整理與應用。而大數據的收集、整理與應用，又離不開「雲端一體」。所謂從端到雲，就是要做好資料的收集、整理工作；所謂從雲到端，就是要做好資料的應用決策工作。

總之，我們現在只有利用「雲端一體」的理念，把資料收集到位，並且分析得有理有據，人工智慧才會有強大的資料根基。

2.1.1 人工智慧離不開大數據

大數據是人工智慧發展的根基，如果沒有大數據的支撐，那麼人工智慧的發展也將會成為無本之木。

科技大廠都十分重視大數據的力量，尤其是在人工智慧發展的關鍵節點。

周鴻禕認為，如果沒有大數據的支撐，人工智慧就是空中樓閣。

他還有一個比較有意思的表達：「現在就討論火星上是不是人口過剩為時過早，人工智慧的基礎是大數據。」

李彥宏對人工智慧的熱潮也做出了正面的回應，他說：「現在人工智慧如此熱門，主要是大數據的緣故，正是有越來越多的資料，可以讓機器做一些人才能完成的事情，所以人工智慧在目前熱門無比。」

既然大數據如此重要，那麼什麼又是真正的大數據呢？大數據又有什麼樣的特點呢？

大數據其實是一個仁者見仁，智者見智的概念。但有一個核心不變——大數據包含的訊息量極大，遠遠超過人腦的計算能力和處理能力。

麥肯錫公司是國際上首屈一指的諮詢公司，同時它也是研究大數據的領先者。在麥肯錫公司內部的一份報告中，研究人員曾經詳細地為大數據下了一個定義：大數據指的是大小超出一般的資料庫工具獲取、儲存、管理和分析能力的資料集。而且 IBM 公司也明確提出了大數據的五個特點，即大量、高速、多樣、高價值、真實可靠。

由此可見，訊息時代對大數據的要求也是極為嚴苛的。

既然大數據時代已經來臨，那麼大數據技術必將在資訊技術領域引起強烈的變革，當然也會對我們的生活產生強烈的影響。

李彥宏在一次談話中，也明確提到大數據會給我們的生活帶來翻天覆地的影響。

他說：「十幾年前，我們嘗試用神經網路運算一組並不巨量的資料，整整等待三天都不一定會有結果。今天的情況卻大大不同了。高速並行運算、巨量資料、更最佳化的演算法共同促成了人工智慧發展的突破。這一突破，如果我們在三十年以後回頭來看，將會是不亞於網際網路對人類產生深遠影響的另一項技術，它所釋放的力量將再次徹底改變我們的生活。」

大數據對人工智慧的發展的作用也是不言而喻的。如果我們把人工智慧比作一名幼嬰，那麼價值含量高、真實可靠而且資料訊息龐大的大數據庫則是幼嬰成長最寶貴的「母乳」。

在人工智慧時代，大多數人的第一反應都是「資料為王」、「資料秒殺一切」。總之，目前，在人工智慧發展的關鍵時期，可謂是「得大數據者得市場」。只要你有巨量的資料，即便是電腦的演算法稍微落後，產生的結果也會是令人滿意的。

所以，現如今，我們在開發一些新的智慧產品的時候，必須特別注重收集巨量的資料，並且資料要乾淨、真實有效。只有這樣，我們在利用機器進行深度學習的時候，機器才會學習得更準確、更全面，人工智慧型機器的操作能力才會更突出，智慧產品的市場效果才會更好。

但要注意，大數據並不是萬能的、完全可靠的，我們也需要用辯證的眼光去看待網路上的大數據。做到冷靜分析，最終挖掘出資料中蘊藏的真正價值，為自己的產品研發服務，為客戶的生活和工作服務。

綜上所述，大數據是人工智慧迅速發展的基礎，人工智慧必將是大數據決策的龍頭代表。所以，我們必須充分利用大數據，挖掘出最真實有效的大數據資源，發揮大數據最佳的價值。

▎2.1.2　大數據給人工智慧帶來更多新機會

大數據是人工智慧發展的基礎，只有具備足量的、真實的大數據訊息，我們才能掌握相關市場的行情、了解相關市場對產品的需要。了解了市場對產品的需求，人工智慧產品的研發才能有的放矢。這樣，人工智慧產品才能夠進行真實有效的商業應用開發，人工智慧才會有更多發展的機會。

簡言之，只要某商業領域存在大數據，我們就可以進行相關的人工智慧產品的研發、創新與創業。同時在創業的過程中，我們可以利用良好的資料資源和更高效的深度學習演算法，開發出更高品質的人工智慧應用。

機遇都是留給有準備的人的，在人工智慧發展的關鍵時期，我們要處處留心生活，留心大數據，審時度勢，抓住機遇，成就自我。

從整體來看，大數據給人工智慧帶來了更多的新機會。人工智慧其實可以被廣泛地運用到金融領域、電子商務領域、售後客服領域、交通導航領域、教育領域甚至是藝術領域。

如果你是金融業的人員，你一定知道金融領域存在大量的客戶交易資料。此時如果你能抓住機遇，針對這些資料建立深度學習的模型，可以更好地為客戶進行風險防控；同時利用這些大數據，我們還可以做到精準行銷，這絕對是一個不錯的商機。

對於一名電子商務人員來說，你一定會考慮應該如何利用大量的產品資料和交易資料。此時如果你能抓住機遇，基於這些資料建立一個人工智慧系統，就可以幫助電商人員輕鬆預測產品的銷售情況，甚至能夠精確到分鐘，這樣電商人員就會提前做好進貨準備。因此，人工智慧系統的產品研發也必然是一個不錯的商機。

目前，市場上也出現了一些能夠滿足初級客服需要的自動客服人員，也就是機器人客服人員。這些機器人客服人員有不錯的語言處理能力，這也是依靠其背後的客服語音和文字資料等大數據內容。同時，機器人客服人員作為新鮮事物，比較引人關注，可以很好地招攬客戶。所以，人工智慧的研發也要在這個領域多一些投入，使機器人客服人員更加智慧化、人性化，讓它們更好地為客戶服務。

雖然目前 Google 地圖、高德地圖都有智慧導航系統即時分析路段狀況，但是仍然解決不了塞車問題。即使智慧導航為你規劃了一條絕佳的行車路線，也難免會遇到特殊情況。

交警就需要時刻關注重點路段，進行交通疏導。可是交警的數量是有限的，有時在一些路段出問題時，他們不能立即趕到，總會存在滯後性，從而影響行人的出行與工作。這時，如果能利用城市交通管理部門的大量監

控資料，並在此基礎上開發智慧交通疏導等人工智慧的應用，一定會備受歡迎。這項工作已經逐漸在大城市落實了。

在知識經濟時代，人們都普遍重視孩子的教育問題。目前市場上的教育機構琳琅滿目，教育機構也有好有壞。人工智慧可以在教育領域做到優中取優。一些品質好的教育機構擁有巨量的課程及教學資料，如果能夠基於這些資料建立人工智慧模型，就能有效幫助老師發現教學中的不足，更好地培養學生。

人工智慧還可以在藝術領域有一番作為。你聽說過電腦作詩嗎？其實，讓電腦成為一名「詩人」並不難，只要我們為電腦輸入關於韻律、韻腳、對仗、平仄、意境等方面的大數據知識，電腦就能成為一個很有趣的「打油詩人」。雖然這樣的智慧電腦「詩人」離真正的藝術家還相差甚遠，但是卻能為我們的生活添加一些趣味。

綜上所述，大數據不僅能夠為人工智慧帶來新的發展機遇，還可以使人工智慧產品有趣味，為我們的生活增添一抹愉悅的科技色彩。

演算法：
通往智慧的一小步

Section 2-2

在人工智慧時代，大數據是基礎，演算法才是核心。如果只有規模宏大的資料，卻沒有強有力的演算法，那麼即使有上億筆的數據資料，也只是一盤散沙。

在人工智慧發展的歷程中，產生了多種演算法。例如，從早期的邏輯應用到 1980 年代的專家系統，再到如今的回歸演算法、關聯規則學習演算法、聚類演算法、人工神經網路學習演算法、深度學習演算法等，整個人工智慧的演進史也是電腦演算法的演進史。

人工智慧的智慧程度取決於演算法的最佳化、智慧程度。與之前的大數據分析技術相比，人工智慧的演算法立足於神經網路，進而衍生出深度學習演算法。深度學習演算法使資料處理技術又往前邁了一小步，讓人類的文明又上了一個新的台階。

2.2.1　人腦「移植」：專家系統

在人工智慧發展的最早期，機器智慧只會根據邏輯進行一些簡單的「智慧」操作。例如，那個年代的機器如果能夠「走迷宮」、「下跳棋」，在當時就已經算高科技了。

到了 1980 年代，只會一些簡單操作的人工智慧型機器遠遠滿足不了現實生活的需求。當人生病時，就要去找醫生；當人有不懂的問題時，就要去找老師詢問；當人有心理困惑時，就需要去詢問心理醫生。而這些問題都是相對比較複雜的問題，一台機器僅憑邏輯思維，很難滿足我們的需求。

只要存在需求，就會有滿足需求的方法，人工智慧的發展也不例外。

1980 年代的科學家開始為電腦注入專業的知識，如醫學知識、金融知識、科學知識、歷史知識等。當電腦系統內有專業的知識時，那麼電腦就相當於有了一顆「人腦」，電腦就會自主地為人們答疑解惑，這是人工智慧的又一次偉大勝利。

與其說是人工智慧的勝利，不如說是專家系統的勝利。那麼什麼是專家系統呢？

專家系統是形而上的、形式化的智慧作業系統。雖然電腦被注入了專業知識，但是它不能像人類一樣進行辯證思考，不能用活潑幽默的語言向我們傾訴。因此，專家系統是一種形而上的作業系統。

對於專家系統，我們應該用辯證的思維方式來看待。

一方面，我們應該承認早期專家系統對社會發展的貢獻；另一方面，我們也要考慮專家系統後期與時代脫節的落後性及自身的局限性。對專家系統辯證看待的三點意見如**圖 2-1** 所示。

圖 2-1 對專家系統辯證看待的三點意見

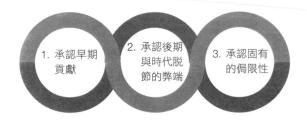

第一，我們應該承認科技在發展的早期對我們的生產和生活做出了不可磨滅的貢獻，專家系統也不例外。早期人造的專家系統是一些固定的系統，這一系統能夠最大限度發揮電腦的處理能力，同時能夠有效結合人類在實踐中取得的經驗知識。這樣做可以對相關問題進行合理、規範的推理，最終達到提高工作效率的目的。

第二，當專家系統發展到後期，就出現了與時代脫節的明顯問題。另外，專家系統發展到後期，又需要大量的資金投入、科研人才的投入。即使是進行商業應用，也明顯缺乏效益。

第三，我們應該清晰地認識到，專家系統有著明顯的局限性。綜合來講，雖然專家系統標榜「智慧」，但與人相比，它只是冷冰冰的機器，毫無溫情可言。另外，專家系統內的知識，不是機器主動思考的結果，而是人們智慧的轉移。這時的機器根本不會進行自主學習，它全靠人工輸入的相關程式進行操作，所以顯得生硬、沒有人情味。具體可以從以下三個角度來理解：

- 專家系統無法進行深度學習。雖然專家系統程式的輸入能夠使電腦在局部範圍內有一定的認知能力，但是這種認知是程式化、機械化的，完全達不到深度學習、自主學習的程度。

- 專家系統沒有創造性思維。創造性思維是人特有的思維方式，這需要基於一定的想像能力。然而，智慧型機器只是一台有相關程式的機器，雖然它能夠進行一定程度的推測，但這種推測是人賦予它的能力，而不是它自己生成的能力。

- 專家系統在遇到知識以外的問題時會陷入「癱瘓」狀態。人類的強大就在於能夠根據環境的變化，積極發揮主觀能動性，透過自我的聯想和想像能力進行探索，同時人類會採取科學的方法進行研究，如定性研究和定量分析。最終人類會憑藉自己的智慧，找到事情發展的原因，探究相應的規律並且進行歸納。然而，專家系統下的機器卻根本無法進行這樣的探索，因為機器無法思考。

專家系統只是人腦的「移植」，而並非人類思維的移植。人類的思維可以是高深莫測的，可以是有條不紊的，可以是有理有據的，也可以是無厘頭的，甚至可以是瞬息萬變的。人類的思維包括感性思維和理性思維兩個層面。而專家系統下的智慧型機器只有理性思維，沒有感性思維。所以，專家系統下的智慧型機器的能力是有局限性的。

既然專家系統只是一種智慧的應用工具，那麼我們在操作時也必須在使用範圍之內應用，否則會造成巨大的損失。我們不能萬事都依賴專家系統，專家系統很難自己產生知識，更難成為業界的頂尖專家。所以，專家系統下的智慧型機器只能提高效率，節省人力，但是不能超越人，更不用說完全替代人了。

綜上所述，專家系統類的學習方法雖然效率低，但是也曾經發揮過一定的作用。對於未來人工智慧的發展，我們還需進行更多演算法的引入，最終目的是使人工智慧能夠更具有人情味，像人類那樣進行思考。

▌2.2.2 神經網路，讓電腦模擬人腦

神經網路演算法，簡言之是讓電腦模擬人腦的一種演算法，這種演算法是一種智慧的演算法，它能夠模擬人腦的處理方式，具有自主學習、合理推理、超強記憶等方面的功能。

神經網路演算法的一個核心思想是分布式表徵思想。因為人類大腦對事物的理解並不是單一的，而是一種分布式的、全方位的思考。

但是這一演算法在人工智慧界並不被全員看好。在神經網路演算法發展的歷程中，有過熱議，更有過質疑，甚至一度引起非議。

從整體來看，神經網路演算法的歷史要早於人工智慧發展的歷史，但是這一演算法對於人工智慧的快速發展無疑有著革命性的影響。

最早的神經網路並非電腦領域的術語，而是一個神經學科的術語。現在，人工神經網路是機器學習的一個重要分支，目前包含數百種不同的演算法。其中比較著名的演算法包括感知器演算法、反向傳播演算法（BP）、卷積神經網路演算法（CNN）以及循環神經網路演算法（RNN）等。

神經學家沃倫·麥卡洛克和沃爾特·彼茨提出了神經網路的假說。他們認為，人類神經節是沿著網狀結構進行訊息傳遞、處理的。後來，這一假說被神經學家廣泛運用於研究人類的感知原理。

另外，早期的一些電腦科學家也借鑑了這一假說，並把它成功運用到人工智慧領域。因此，在人工智慧領域，這一方法又被稱為人工神經網路演算法。神經網路演算法與生物學神經網路如圖 2-2 所示。

人工神經網路演算法其實是一類模式匹配演算法，它仿照人腦接收訊息的方式，對電腦進行相應的程式。這種演算法通常用來解決分類及回歸問題。

圖 2-2 神經網路演算法與生物學神經網路

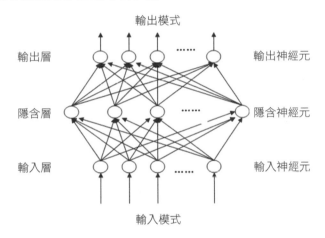

一般來講，大腦在接收外來訊息時，會經過一系列的條件反射，進行迅速思考後，再給出一個具體的反應。當然，這個反應過程是很快的，只是我們在具體的認知活動或行為活動中沒有意識到而已。或者說，我們只是把它當作一種本能，根本就沒有進行深入的研究。

然而，神經學科學家這樣做的目的，一是為了科學研究，二是為了治療神經方面的疾病。科學總是會有奇妙的偶合，特別是跨學科、綜合類強的科學研究。

在人工智慧領域，科學家的最初設想很簡單，就是讓機器像人一樣會說話、會看、會交流溝通。然而，卻沒有一個入門之道。

當人工智慧領域的專家了解到神經網路的假說時，他們有了一個很好的想法。

他們認為電腦的程式也應該像人類的神經組織那樣，有一個接觸事物並自我思考，形成反射再做出回應的動態過程。

於是他們在演算法的基礎上，大致按照「輸入層 - 隱含層 - 輸出層」的思路進行設計。其中隱含層是演算法的核心，在隱含層，電腦能夠進行自我「思考」，把相關的訊息進行綜合處理，加工創造，然後給出更合理的解答。

第一個把神經網路原理成功地應用到人工智慧領域的是羅森‧布拉特教授，他是康乃爾大學的一位心理學教授。在 1958 年，他成功地製作出了一台能夠識別簡單的字母和圖像的電子感知機，並引起了強烈的反響。當時電腦領域內的專家更是有諸多的聯想，他們預測在幾年後電腦將會像人一樣思考。

但是早期神經網路演算法尚在發育期，另外，電腦的運算能力相對較差，使神經網路演算法一度停滯。

回顧神經網路演算法的歷史，我們不難發現，神經網路演算法曾幾度繁榮，而且取得多項舉世矚目的成績，也歷經了質疑、冷落、批判。

1940 年代，科學家根據神經網路原理提出了 M-P 神經元和 Hebb 學習規則；在 1950 年代，他們發明了電子感知器模型與自適應濾波器；在 1960 年代，他們又利用這一原理開發出了自組織映射網路、自適應共振網路等新的方法，當時的許多神經計算模型都為電腦視覺、自然語言處理與最佳化計算等領域的發展奠定了基礎。

可是在 1969 年，神經網路的發展卻慘遭滑鐵盧。被稱為人工智慧之父的馬文‧明斯基在這一年出版的《感知機》中提到，人工神經網路演算法

難以解決「異或難題」。之後，他在採訪中也同樣對神經網路演算法表示擔憂。

在後來的一次採訪中，馬文・明斯基說：「我們不得不承認，神經網路不能做邏輯推理，例如，如果它計算機率，就不能理解那些數字的真正意義是什麼。我們還沒有獲得資助去研究一些完全不同的東西，因為政府機構希望你確切地說出在契約期的每個月將會取得哪些進展。而過去的國家科學基金資助不限於某一具體專案的日子，一去不復返了。」

當然對於他的一些看法，有人覺得過於悲觀，其實透過讀他的著作，我們不難發現，他並不是悲觀主義者，他只是表達了對人工智慧的適度憂慮。

縱觀馬文・明斯基的一生，我們必須承認他是人工智慧領域的大師，他孜孜不倦的探索精神值得我們後輩不斷學習。

神經網路演算法在生活實踐中還有如下兩個方面的缺陷：

■ 該演算法的整體最優解還不是很到位，通常情況只能達到局部最優解，這對我們全方位的工作部署造成了一定的困難。

■ 演算法在實踐訓練中，如果時間過長會出現失靈的現象（專業術語為過度擬合）。在這一狀況下，神經網路演算法甚至會認為雜訊是有效的訊號。

目前，神經網路演算法又向前邁出了一大步。該演算法透過增加網路層數能夠構造出「深層神經網路」，從而使機器有「自主思維」，有「抽象概括」的能力，再一次掀起了神經網路研究的新高潮。

綜上所述，神經網路演算法的研究有過輝煌時刻，更經歷過無人問津，甚至冷嘲熱諷。但是科學發展是無止境的，相關的科學家也一定會更深入研究這　演算法，使機器更加智慧，能夠提供人類更好的服務。

2.2.3 深度學習到底「深」在哪裡

深度學習（Deep Learning）是現階段電腦學習演算法中比較進階、比較先進、比較智慧的一種演算法。

深度學習演算法中的「深度」是相對而言的。相比之前的機器學習演算法，深度學習演算法更有邏輯和分析能力，更加智慧。

整體而言，機器智慧自主學習能力的提升猶如孩子的成長。

從最開始的簡單邏輯判斷，到基於人工規則的專家系統，機器智慧經歷了一次質的飛躍，這次飛躍使機器智慧更社會化。如果説最初的機器學習處於兒童階段，那麼專家系統學習期則處於青春期，這時機器開始會考慮簡單的人情世故了。

從專家系統過渡到神經網路演算法，機器智慧更加有「主見」。從被動接收人輸入的相關程式到能夠根據相關條件進行「自主思考」，彷彿從青春期過渡到理智成年期。

深度學習可以簡單理解為傳統神經網路演算法的深化與發展。深度學習演算法與神經網路演算法相比，又彷彿一個理智的成年人經過經驗的積累、研究的深入，成為一名業界專家。

傳統觀點認為，神經網路演算法只包含輸入層、隱藏層與輸出層，如圖 2-3 所示。而且隱藏層的層數較少，不能進行深度處理。

圖 2-3 傳統神經網路演算法的結構

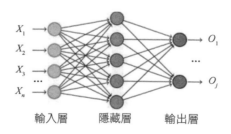

如果資料量大且資料訊息的邏輯性強，密切程度較高，那麼隱藏層的處理能力也就較強，最終輸出層的結果也會更加合理。相反，如果資料量小，資料訊息只是七零八落地拼湊在一起，關鍵字之間的關聯度也毫無邏輯可言，那麼隱藏層的處理能力就會很弱，會陷入混亂狀態，輸出層的結果自然就會不理想。

深度學習是傳統神經網路演算法的進一步最佳化，兩者之間有許多共性。比較突出的是兩者都採用了相似的分層結構：演算法系統由輸入層、隱藏層、輸出層構成。特點是只有相鄰層能互相連接映射，跨層級別不能連接而且同一層的不同節點不能連接映射。這樣的分層結構與人類大腦的結構是極其類似的。

當然，兩者之間也有明顯的區別，重點在於隱藏層的層級數量。一般來講，深度學習包含多個隱藏層。通常情況下，深度學習至少包含七個隱藏層。同時，神經網路的隱藏層數也直接決定了它對現實的描摹刻畫能力。隱藏層數量越多，它刻畫現實的能力也就越強，它的推斷結果與現實也就越接近，電腦的智慧程度也就越高。

另外，一般的多層神經網路結構的執行效率低，層數越多，執行時間就會越長。然而，深度學習解決了這一難題。深度學習透過提高硬體性能，如GPU（圖像處理器），增加執行速度，提升執行效率。另外，透過類似於雲網路的布局，深度學習還能夠突破硬體裝置的執行障礙，實現更深層次的擴展。

基於深度學習的種種優勢，在人工智慧的實際應用領域，深度學習起到了推動作用。例如，這些年人工智慧技術最大的發展莫過於產生了聲音識別、圖像識別、機器翻譯等方面的成就。在不久的將來，人工智慧還會在醫學的深層領域、無人駕駛方面取得重要的突破。

深度學習之所以能夠流行和推動人工智慧的發展，與其背後默默耕耘的科學家有著密不可分的關係。

深度學習的研究發展與傑佛瑞‧欣頓（Geoffrey Hinton）、約書亞‧本吉奧（Yoshua Bengio）和雅恩‧樂昆（Yann LeCun）這三位電腦專家有著深厚的淵源。

傑佛瑞‧欣頓被稱為「神經網路之父」，他在電腦研究領域有著傳奇故事。

傑佛瑞‧欣頓出生於英國，畢業於英國劍橋大學。他在求學期間屢次換專業，首先攻讀化學，之後又轉讀建築學。發現建築學與自己的興趣不符後，又轉讀物理學。可他覺得物理學太難，又轉讀哲學。在讀哲學時，他又與自己的老師起了衝突，最後又研讀心理學。在讀心理學期間，他發現「心理學對意識也一無所知」，不過最終他還是獲得了劍橋大學心理學學士學位。

畢業後，他也曾迷茫過，不知何去何從。他還做過包工木匠，他並沒有輕視這份職業，而只是把這份職業暫時作為生活的需要。在做木匠期間，他不曾停止學習，經常去圖書館查閱關於大腦工作原理的資料。

一年後，他在愛丁堡大學攻讀神經網路專業，並進一步做研究。在拿到人工智慧博士證書後，他又先後去美國和加拿大繼續進行深入的神經網路研究。最終他選擇留在加拿大的多倫多大學任教。

傑佛瑞‧欣頓承認，「我有一種教育上的過動症。」我們不難發現，他的學術追求總是搖擺不定，而且也有過很不順利的時刻，但是他總是追逐著自己的學術興趣，並堅持不懈地進行研究。

最終，在電腦領域他成就了自我。不僅發明反向傳播（Back Propagation）的演算法，還發明了波爾茲曼機（Boltzmann Machine），並進一步研究出了深度學習演算法（Deep Learning）。

傑佛瑞‧欣頓在一次演講中說：「深度學習以前不成功是因為缺乏三個必要前提：足夠多的資料、足夠強大的計算能力和設定好初始化權重。」

當雲端服務功能推出後，借助網路的巨大優勢，我們可以迅速獲得巨量的資料訊息。深度學習能夠進一步最佳化大數據，提取更多精確的訊息，而這些訊息也基本上能夠滿足我們在商業發展上或其他方面的需求。

綜上所述，深度學習一方面推動了人工智慧領域的發展，引爆了人工智慧革命的浪潮，為電子商務、物聯網、無人駕駛汽車等新興產業帶來了更多的機會。但是，我們應該注意到深度學習不是萬能的。就目前來看，深度學習仍然無法代替人類。因為人類擁有情感，這是深度學習還難以跨越的障礙。

在深度學習的道路上，科學家還需要進一步發揚工匠精神，攻堅克難，為使人們的生活更便捷、更智慧而不斷奮鬥；政府應該擬定對人工智慧發展更有利的政策；相關高科技企業則要為人工智慧的商業應用做出更多努力。只有這樣，人工智慧的發展才會有更廣闊的前景。

服務：
機器智慧的能力輸出

衡量機器智慧的標準就在於它的服務能力。人工智慧發展的理想目標如下：智慧型機器人能夠幫助我們做體力繁重的工作、程序瑣碎的工作，這樣人類就可以從事更加富有創造力的工作；智慧型機器人能夠理解人類的真實意圖，能夠實際與我們進行互動溝通，進一步打破語言障礙、視覺障礙與理解障礙，確實解決生活中存在的問題。在未來，人類能夠與智慧型機器人密切合作，做到人機和諧相處。

▍2.3.1 用互動來理解人的意圖

人工智慧的發展如果脫離了服務，那麼即使電腦有再豐富的大數據資源、再先進的演算法，那也只是一台冷冰冰的機器。

我們的目標就是讓智慧型機器為我們的生活和工作服務。那麼如何才能做到呢？最有效的方法就是透過人機互動，使智慧型機器能夠更加理解我們的意圖。

人機互動技術（Human-Computer Interaction, HCI）正是這樣一項技術。它能夠努力使人與電腦相協調，逐漸消除人機系統間的界限，使機器能夠更好地理解人類的話語、肢體動作，與情感。

在前網際網路時代，我們與電腦的互動方式很單一，只能透過滑鼠操作與鍵盤輸入進行互動。雖然在現在看來，這種互動方式效率較低，但是在網際網路發展的初期，它確實提高了我們的工作效率。然而，隨著科技的進步，特別是電腦演算法能力的提升，鍵盤輸入、滑鼠操作也就顯得效率低下了。

在人工智慧時代，我們更應該繼續發展人機互動技術，使機器更加智慧，使我們的生活更加豐富多彩。

人機互動有六種表現形式，如**圖 2-4** 所示。

圖 2-4 人機互動的六種表現形式

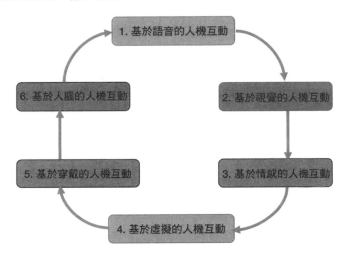

1. 基於語音的人機互動

語言是人類最重要的交流工具。在文字產生之前，人們都是透過口語傳播的方式進行訊息交流。隨著社會交往的擴大，人們記憶能力又有限，一些優秀的口頭故事逐漸消失在歷史的汪洋大海中。為了傳承優秀文化，人們開始造字。文字出現後，人類的文明開始進入了有據可查的時代。

雖然文字的發明推動了文明的演進，但是在網路時代，特別是行動網路時代及人工智慧時代，文字傳播的效率仍然比較低。

於是電腦的語音識別技術逐漸登上了歷史的舞台。所謂語音識別，簡單來講就是讓電腦能聽懂人說話。在行動網路時代，語音識別技術在生活領域已經有了比較好的發展。例如， Siri 能夠與我們進行一般的生活互動；通

訊軟體的語音聊天功能，不僅能夠進行語音識別，還能夠儲存語音發送給對方，這項功能幾乎可以替代電話功能了。

在人工智慧時代，語音識別技術將會更加先進，一台冰箱、一盞檯燈甚至一把椅子，只要我們為它們輸入相關的語音識別程式，它們就能夠聽懂我們的語言，去做相應的事情。這將會提高我們的工作效率及生活品質。

2. 基於視覺的人機互動

基於視覺的人機互動應該說是基於語音的人機互動的延伸。人與人互相理解的方式是多元的，西方相關學者指出，在人與人的交流中，語言占 7% 的比重，語音語調占 38% 的比重，肢體動作、髮型、妝容等占 55% 的比重。整體來看，在人際交流中語言部分占 45% 的比重，非語言部分占 55% 的比重。

在人工智慧時代，如果要使機器更加智慧，機器僅能夠聽懂人的語言還不夠。機器應該在語音識別的基礎上，進一步透過視覺與人進行溝通。

例如，人臉識別技術已經在機場安檢、刑偵破案、刷臉支付、智慧型手機刷臉解鎖等領域有不錯的表現，其中，比較有趣的是刷臉支付與刷臉解鎖。

智慧型手機刷臉解鎖功能已經隨著 iPhone X 問世而引發熱議。但是，無論是刷臉解鎖還是刷臉支付，目前還存在一些技術上的問題。例如，刷臉解鎖的功能會受到光線的明暗變化、臉部妝容的變化、是否戴眼鏡等因素的影響。拿著人的彩色照片，讓智慧型手機進行人臉識別，智慧型手機也會解鎖成功，這也有可能造成隱私洩露等問題。在 Amazon Go 進行購物時，顧客也可能因為人臉識別的失誤，造成付款錯誤。

在人工智慧時代，我們的目標是讓機器能夠更有效地進行人臉識別，不僅僅是能夠進行一些簡單的行為操作，而是能夠做到與人類進行更高效的溝通。

3. 基於情感的人機互動

眾所周知，人與機器的最大區別就在於，人有感情而機器沒有感情。如果要使智慧型機器具有人情味，就需要為機器輸入有關人類情感的知識、資料、程式和演算法。

所謂情感互動，就是賦予機器主動生成喜怒哀樂等情感的能力。它利用「情感模型」為機器注入情感思維，從而讓機器更好地理解人的情感，並能針對使用者的情感做出智慧、友好、幽默、得體的回應。

基於情感的人機互動，會使機器更有人的感覺，它能夠減輕人們使用智慧型機器的挫敗感。另外，透過深度學習，機器還能夠學會更多的人類情感，甚至還能夠幫助我們理解自我與他人的情感世界。

總之，基於情感的人機互動能夠增加機器裝置的安全性，能夠使機器更加人性化，使我們的生活更加豐富多彩、妙趣橫生。

4. 基於虛擬的人機互動

目前，基於虛擬的人機互動已經進行了商業應用，而且效果很好。現在常見的虛擬互動技術就是虛擬實境（Virtual Reality）技術。

所謂虛擬實境，就是採用攝影或掃描的手段來建立一個虛擬的環境。在這個虛擬的環境中，我們能找到一種與現實世界相似的感覺。在這個虛擬的環境中，我們能夠從自己的視點出發，真切地感受到一個逼真的三維世界。在這裡，人物是立體的，聲音是立體的，我們有一種身臨其境的感覺。

常見的虛擬實境技術有電影的 3D 特效，3D 眼鏡和 VR 眼鏡。

透過 VR 眼鏡，我們能夠迅速沉浸於電影所營造的虛擬環境中，彷彿我們就是電影中的一員。我們能夠不斷變換觀察的視角，甚至還可以與演員「接觸」。在 VR 影像中，我們彷彿是一個旁觀者，又彷彿是一個親身參與者，能夠更加全面地了解影片中的人物，是一種很不錯的觀影體驗。

5. 基於穿戴的人機互動

許多人都認為，可穿戴的電腦只存在於科幻電影或科幻小說中。例如，《鋼鐵人》中主角穿戴的鋼鐵盔甲就是典型穿戴型的機器智慧。

其實，在人工智慧時代，穿戴型的人工智慧將不再是夢想。雖然我們不能做到像鋼鐵人一樣全面武裝自己，用智慧武裝自己，用科技武裝自己，但是我們可以實現部分型的穿戴。

例如，在不久的將來我們可以設計一款智慧眼鏡，透過對眼神訊息的捕捉，直接感知人的大腦的相關需求，從而智慧地為我們的大腦輸入相關的知識，使我們變得更加有智慧、做事效率更高。

可穿戴型的智慧型機器在形態、功能、智力程度上都與如今的筆記型電腦、Pad、智慧型手機完全不同。可穿戴型的智慧型機器能夠與人體緊密結合，能夠感知人類的身體狀況、感知周圍環境、感知我們的需求，從而為我們的大腦即時提供有效的訊息，增強人類的智慧。

6. 基於人腦的人機互動

就科學的角度而言，最理想的人機互動形式是基於人腦的人機互動。這種互動方式應該到強人工智慧時代才會產生，在目前的弱人工智慧時代只是一種幻想。

但是，正是基於豐富的想像力，人類的科技才能取得一次又一次的突破。關於人腦互動技術，相關科學家還有一些初步的設想。核心科技是使電腦測量大腦皮層的電訊號，從而感知人類的大腦活動，進而了解人類的需求，解決人類的困難。

綜上所述，在人工智慧時代我們應該繼續發展語音識別技術、圖像識別技術及 VR 技術，為人工智慧的發展打下良好的基礎，為更高效的人機互動、人性化互動編織一個美麗的夢想。

2.3.2 達成人類需要完成的任務

在人工智慧時代，新型人機互動的最主要特徵就是互動的便捷性與主動性。

所謂便捷性，是指機器理解人的方式越來越多元。原來我們與機器的交流隻能透過鍵盤與滑鼠來完成，現在我們與機器的交流可以透過語音、觸覺及視覺識別進行。所謂主動性，是指人類可以最大限度地操作機器，像人與人之間的交流那樣，自主地、自由地與機器進行溝通交流。

如果説便捷性、主動性強的人機互動方式為人工智慧的發展提供了明確的發展方向，那麼使機器智慧高效地完成人類所需的任務則是人工智慧發展的核心，也是人工智慧為人類服務的重中之重。

那麼，如何才能使機器高效完成人類的任務呢？我們試著從圖 **2-5** 所示的三個維度進行思考。

圖 2-5 提高機器效率的三種方式

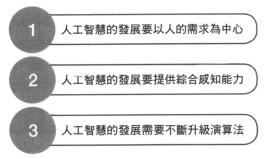

第一，人工智慧的發展要以人的需求為中心。所謂以人的需求為中心，就是無論從外在形式還是從內部機制，人機互動都能滿足不同使用者的多元需求。

人與人的溝通交流是複雜多元的，不同人的溝通方式也是獨特的、充滿個性的。正所謂「聰明人有聰明人的生活情調，普通人也有普通人的生活方式」，人工智慧在未來的發展中不應該只是單調的機器，不應該只有模式

化的機器交流語言，也不應該只有一種溝通方式，而是要滿足不同人群的需求。

其實，智慧型機器在未來的地位或樣貌應該和如今的寵物狗類似。有些人喜歡紅貴賓，有些人喜歡黃金獵犬，未來的智慧型機器就應該有多元的體態或性格，從而滿足人們多樣化的需求。只有滿足了人們的需求，人們使用智慧型機器才會更加有喜悅感，這樣才會用智慧型機器做更多的事情。相應地，智慧型機器的工作效率才會更高。

第二，人工智慧的發展要提高綜合感知能力。所謂綜合感知能力，就是智慧型機器也能像人一樣，全方位地調動感官來參與溝通交流。只有提高綜合感知能力，才能進一步提高智慧型機器的效率。

在網際網路時代，一般的電腦只能透過文字的輸入及相關演算法的提示來感知人的需求；在行動網路時代，智慧型手機能夠透過聲音識別人的需求，還可以透過人的指紋識別與臉部識別來確定誰是自己的主人，可謂向前邁出了一大步；在人工智慧時代，智慧型機器則有望透過全方位的感官來與人進行溝通。不僅是視覺上、聽覺上的感官聯繫，還可以透過與人類的大腦建立密切的聯繫，感知人的需求。這樣就能進一步提高它的工作效率，更好地滿足人們的需求。

第三，人工智慧的發展需要演算法的不斷升級。正如前文所述，大數據是人工智慧發展的訊息儲備庫，演算法才是人工智慧的真正「大腦」。如果要進一步提升人工智慧的工作效率，科學家就需要在深度學習演算法的基礎上，根據人們的需要和實踐的需求，研發更快捷的演算法。

演算法的研發不僅僅是科學家的事情，還需要投入大量經費，改革教育，培養更多的人才。

在人工智慧時代，人類的生活將離不開智慧型機器，智慧型機器也將更有效率地為人類服務。因此，我們要對更加自然、更加高效的人機互動技術的發展充滿信心。

chapter 3

智慧商業如何落地

以 史為鑑，可以知興替。

回顧歷史，我們不難發現，科技最終都是以產品的形式促進社會的發展、商業的繁榮，和提高人們的生活水準。

如今，人工智慧的發展早已過了技術炫耀期，已經步入了商業落地期。

隨著人工智慧從技術到商業化，人工智慧到底應該如何進行商業落地呢？

本章將從智慧商業落地的三維度、雲端一體化、市場需求維度及智慧應用等方面進行綜合探討。

智慧商業落地要考慮
三個維度

智慧商業落地並不是一蹴而就的。

雖然人工智慧的發展已經成為時代的潮流，國家的各項政策也都逐漸向這方面傾斜，但是如果盲目地進行科技研發或商業化的投資生產也是十分不明智的。

對於智慧商業落地，我們要綜合考慮三個維度，分別是領域維度、時間維度和深度維度。

▌3.1.1 領域維度

人工智慧不是一個純粹的產業，而是一個需要與其他產業配合的產業。它能夠為其他產業的發展提供智力支援或技術支撐，從而為社會創造更大的價值。

在人工智慧時代，純粹的產業越來越少了。例如，公路、高鐵的建設就需要各行各業人才的參與，需要聯合使用各項高新技術。這是一個需要全方位合作的時代，只有合作，才能匯集人才、技術、資金等要素，為社會發展做出更大的貢獻。

當然，人工智慧也不可能成為一個獨立的領域。如果人工智慧只是一個獨立的領域，那麼可以預測十年後，人工智慧產品大概還只是一個更會下圍棋的 AlphaGo 而已，這又有什麼意義呢？

所以，人工智慧要儘快進行商業落地，而且商業落地的領域要廣。

人工智慧不僅要在傳統的農林牧副漁等產業進行落地，還要在如今的產品製造業、交通業、物流業、醫療業、教育業等領域進行商業落地。要做到跨領域、全方位的商業落地，這樣才能滿足不同行業、不同人群的需求，才能讓人工智慧的發展效果最大化。

既然領域維度已經明確了，那麼人工智慧如何在各行各業進行落地呢？

其實這就需要綜合運用大數據，進行深層次的市場挖掘。在此基礎上，進一步發揮我們的創造力，研發新的人工智慧產品，滿足人們的需求，實現人工智慧產品的價值。

例如，在電商，在小學生圖書消費領域，我們可以借助網路商店的大數據訊息，分析小學生都愛讀什麼種類的書籍，或者分析小學生必讀的書籍。根據他們的需求，製造出智慧的說故事機器人。

這類說故事機器人並不是冷冰冰的機器，而是多才多藝的達人。大數據為它們提供了巨量的優秀故事、各地的方言及各種富有魔力的嗓音。演算法為它們提供了清晰的邏輯，它們能夠更加輕鬆地與兒童進行交流。在種種技術的助力下，說故事機器人就能夠很容易與兒童打成一片，成為孩子們的老師或玩伴，孩子們也可以有一個更加充實的童年。

人工智慧能做的事情還有很多，只要有大數據，借助進階的演算法，就可以充分發揮我們的主觀能動性，讓人工智慧在各個產業、各個領域生根發芽，逐漸走向繁榮。

▊ 3.1.2 時間維度

人工智慧由研發到商業落地，大致需要經過兩個時間維度。一是新技術在開發期不能立即投入商業生產，有一定的時間差；二是目前的技術水準不能滿足人們更為多元的需求，新技術在商業落地時，也遵循從低級到進階的遞變規律。

任何新技術從發明到商業落地總會存在時間差，成功的商業化運營總是建立在技術的基礎上的。

如今，人工智慧的發展已經是大勢所趨，商業模式也必然會產生一系列的新變化。無人售貨的商業運營模式快速發展，這一運營模式也是基於人工智慧領域視覺識別技術的發展。

以 AlphaGo 為例，第一代 AlphaGo 名為 AlphaGo Fan，它打敗了圍棋高手樊麾，當時在硬體上使用了 176 個 GPU；第二代 AlphaGo 名為 AlphaGo Lee，它於 2016 年 3 月以 4:1 戰勝李世石，當時在硬體上使用了 1920 個 CPU 和 280 個 GPU；第三代 AlphaGo 名為 AlphaGo Master，它於 2017 年 5 月以 3:0 戰勝柯潔，當時在硬體上使用了 4 個 TPU，計算能力大大提升；第四代 AlphaGo 名為 AlphaGo Zero，憑藉深度學習技術，它於 2017 年 10 月以 100:0 戰勝 AlphaGo Master，當時在硬體上使用了 4 個 TPU。由於硬體和演算法的進步，AlphaGo 變得越來越高效。

僅用 72 個小時，AlphaGo Zero 就戰勝了擊敗柯潔的 AlphaGo Master，這也表明，優秀的演算法不僅能降低能耗，也能極大地提高效率。從技術層面上來說，AlphaGo Zero 之所以能戰勝 AlphaGo Master，是因為它的演算法有兩處核心最佳化：一是策略網路（計算下子的機率）；二是值網路（計算勝率），AlphaGo Zero 將策略網路和值網路這兩個神經網路結合，提高了效率。另外，AlphaGo Zero 還引入了深度殘差網路（Deep Residual Network），這與之前的多層神經網路相比效果更好。

關於 AlphaGo 取得的令人震驚的成績，AlphaGo 之父戴密斯‧哈薩比斯（Demis Hassabis）說：「最終，我們想要利用它的演算法突破，去幫助人們解決各種緊迫的現實問題，如蛋白質摺疊或設計新材料。如果我們透過 AlphaGo，可以在這些問題上取得進展，那麼它就有潛力推動人們理解生命，並以積極的方式影響我們的生活。」可見，AlphaGo 最終也是要實現商業化的。

以上種種現象都說明同一個問題：技術的進步只是商業運營的第一步。有了技術，憑藉技術發展這種新的商業模式，創造競爭優勢，才是商人應該有的技能。如今，人工智慧在演算法、神經網路、硬體晶片等技術方面不斷突破，當然，在人工智慧時代，成功的商業運營模式必然也離不開大數據、雲端運算、視覺識別、深度學習等新技術的更新疊代。總之，人工智慧技術的更新疊代，是讓人工智慧從技術層面走向商業化的基石。

人工智慧的時間維度也體現在人工智慧應用層面，比如，人工智慧應用始於語音互動，接著是圖像視覺，然後是行動力、心理情緒，最後可能是人性化。當然，人工智慧在應用層面的不斷加深，離不開人工智慧技術的更新疊代。

目前，人工智慧技術的發展存在局限性，人工智慧在應用層面停留在智慧音箱、金融、交通、零售等層面，還不能滿足人們更為多元的需求。這也證明了人工智慧發展的另一個時間維度，技術的進步滿足不了人們的需求，技術的商業落地也需要遵循時間順序，由低階到進階不斷發展。

商業落地在時間維度方面的典型案例，就是人類的飛天夢想。

在上古時期，我們的祖先非常羨慕自由飛行的鳥兒，也憧憬著能夠飛翔。可是我們沒有翅膀，我們只能在神話故事中賦予人飛天的能力。大家比較耳熟能詳的神話故事就是嫦娥奔月，這個故事表達了人類對飛天的渴望。

在封建社會，我們的飛天夢想依然在延續。據說，曾有一位叫做萬戶的人，在椅子上綁了 47 支火箭，手裡拿了兩盞孔明燈，讓人點燃火箭，然後自己飛向茫茫的天空，最終人們在一片殘垣斷壁中發現了他的屍骸……

當我們跟隨著時光的腳步走向了 20 世紀，萊特兄弟根據仿生學原理、空氣動力學原理及其他相關物理學原理，並結合當時的科技，製造出了人類史上第　台能成功升空的飛機。

如今，航太技術越來越先進了，坐飛機已經成了一種普遍的移動方式，但人類為此奮鬥的歷程是值得永久紀念的。

人工智慧在商業落地的早期，也許不能滿足我們更為多元化的目標，但是我們可以一步步地進行嘗試，直至做到最好。

如今，人工智慧技術已經在人臉識別等感知領域取得了成功，接下來，走在人工智慧前線的科技工作者就需要結合人們的真實需求，使人工智慧在認知層面、決策層面甚至創作層面不斷進步；商業經營者也需要不斷創新商業運營模式，為人工智慧的商業落地提供一個自由、良好的商業環境。

▌3.1.3 深度維度

當我們深入實踐，深入具體的商業場景，就會發現現有的技術很可能落後於實際情況，或者我們的科技不能與市場接軌，甚至不能滿足人們現在的真實需求。新的技術在進行商業落地時，總是與我們的美好想像不同。

從商業落地的深度維度來考慮，目前人工智慧的技術水準只停留在感知領域，如指紋解鎖、人臉識別等。在認知、決策和創作等更深的領域，我們的研發能力還很有限，更不用說商業落地了。

面對這種情況，我們就需要有長遠的眼光，不能只看眼前，而是需要培養自己的深度思維能力，讓產品能夠引領未來 5 ～ 10 年的需求。

在人工智慧的技術深度上，只有不斷鑽研新的演算法，才能提高智慧型機器的綜合能力，特別是綜合思考的能力。但是隨著人工智慧的商業落地，我們必須在產品的深度上培養自己的戰略眼光。那麼如何才能在產品落地層面促進入工智慧的深度發展呢？具體如**圖 3-1** 所示。

圖 3-1　建立人工智慧產品深度的三部曲

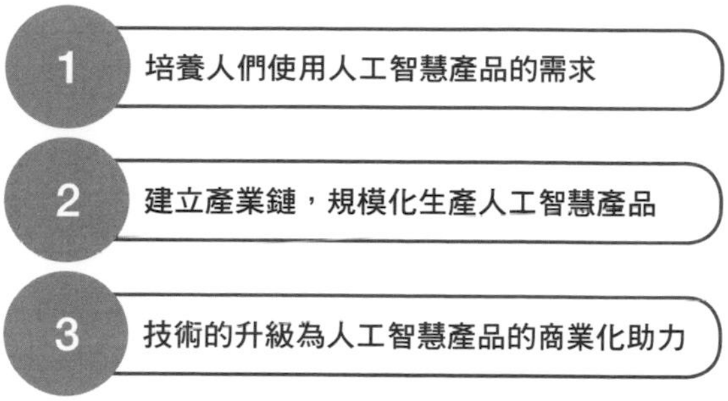

1　培養人們使用人工智慧產品的需求

2　建立產業鏈，規模化生產人工智慧產品

3　技術的升級為人工智慧產品的商業化助力

第一，培養人們使用人工智慧產品的需求。任何商品，只有滿足人們的需求，才會有進一步發展。要想使人工智慧產品能夠在市場立足，也必須滿足人們真實的需求。

這裡先和大家分享一個有意思的哲學故事。

有兩個推銷員，都去一個原始部落賣鞋。到了這個部落後，他們發現這裡的人都不穿鞋子。

第一個推銷員心想：「真倒霉！跑了這麼遠，鞋子在這裡竟然沒有市場需求，真是白花了旅費」。於是他黯然離開了。

第二個推銷員心想：「真幸運！這裡的人竟然不知道鞋子為何物。只要培養他們穿鞋的習慣，那麼我就可以成為『第一個吃螃蟹的人』了，我的鞋子必然會大賣」。

結果，第一個推銷員因為悲觀的態度，在生意上並沒有取得成功；第二個推銷員在具體的推銷過程中，向當地居民詳細介紹鞋的好處，慢慢地這裡的人們認為鞋是對他們極為有利的工具，這個推銷員自然就取得了成功。

人工智慧產品的長遠發展，首先也需要培養人們的使用習慣。

具體做法是要普及人工智慧的知識，為人工智慧正名。所謂正名，就是讓人們對人工智慧的發展有一個樂觀、積極的態度。目前社會中仍存在人工智慧將會導致人類毀滅的觀點，因此有不少人都反對發展人工智慧，甚至一些頂尖科學家也對人工智慧的發展持消極態度。

我們在進行人工智慧商業落地時，需要將人工智慧商品的各種便利功能進行詳細的解釋。當人們真正得到實惠後，就會逐漸接受人工智慧產品。

第二，鏈條化、規模化地生產人工智慧產品。所謂鏈條化，就是要建立起人工智慧產品的產業鏈條。人工智慧作為一項技術幾乎可以融入任何領域。下面我們以影視生產製作為例，具體講解人工智慧如何鏈條化。

在影視文化生產的過程中，導演或劇作家結合自己的生活實踐，創作出獨具一格的作品，如張藝謀導演的《活著》和《歸來》。《活著》曾獲得多項大獎，但《歸來》被評為「藝術電影」，雖獲得文青一面倒的好評，多數人卻認為不值得觀看。

如今，導演除了結合自己的生活實踐，還可以利用大數據技術了解人們的觀影需求，製作出兼顧品質與票房、更能滿足人們精神需求的作品。例如，人們現在喜歡科幻作品中的那種大場面，我們就可以在影視作品中添加一些超級人工智慧元素，使人們獲得觀影的娛樂感。

在影視生產的下游，可以把影視作品中的人工智慧產品做成各式各樣的紀念品。

所謂規模化，就是要聯合各種要素（區位要素、原材料要素、人才要素及技術要素等），把人工智慧產品的成本壓縮到最低，擴大生產，從而滿足多元化的市場需求。

第三，技術的升級為人工智慧的商業化助力。想要更先進的人工智慧產品，就需要先進的電腦演算法，只有在演算法上進一步發展， 人工智慧產品的功能才會越來越多元化、個性化、智慧化，才能在認知、決策及創作領域得到人們的認可。這樣，人工智慧產品才會更長遠地發展。

只有在滿足需求、規模生產、技術升級的協同帶動下，人工智慧產品才會更加多元，更加具有深度思考的能力，更加能夠適應市場需求。

商業落地核心：
雲端一體化

我們在第 2 章講到，機器智慧時代的核心是「雲端一體」，其實，人工智慧商業落地的核心也是「雲端一體」。

「雲端一體」意味著人工智慧裝置不再是單一化的裝置，而應該是一個為人提供各式各樣服務的裝置。所以，人工智慧類的裝置應該不斷理解人，不斷發展新的功能，以便為人類提供更加智慧化、人性化的服務，這樣才算是真正實現了智慧。

所以，人工智慧產品想要實現商業落地，我們在設計產品時必須體現「雲端一體」的思想，以「端」作為互動方式的入口，以「雲」實現人類意圖，從而讓產品實現真正的智慧。

▌3.2.1 終端：互動入口

目前，時代的發展正處於行動網路與人工智慧發展的交會時刻。此時，智慧產品的終端仍有很高的市場占比，因為與網頁搜尋提供的服務相比，良好的終端服務更加高效便捷、個性十足。終端是我們與智慧型機器的互動入口，如果終端的互動方式簡單易行、人性化，那麼我們的生活也會因此而更加精彩。

在行動網路時代，智慧產品的終端就是智慧型手機的 App。App 的種類十分多元，滿足了人們的不同需求。當你餓了的時候，透過 Uber Eats 或 Food Panda 等 App 可以輕鬆訂餐；當你想要聽優美動聽的歌曲時，Spotify、KKBox 會為你提供巨量的歌曲，特別是音樂串流服務商提供的自主推薦功能（見圖 3-2），能夠為我們提供個性化服務。

圖 3-2 Spotify 的自主推薦功能

總之，在行動網路時代，智慧型手機的終端為我們提供了更加便捷的服務。可是智慧型手機的終端就是最快捷高效、最人性化的嗎？

在行動網路時代，我們姑且可以這樣認為。可是在人工智慧時代，智慧型手機 App 的各種弊端也逐漸暴露。例如，不同需求需要多種不同的 App，而且有些遊戲 App 占用的記憶體較大，會影響手機的使用。另外，在 App 上的搜尋，基本上都是透過輸入文字訊息、透過觸控螢幕進行的，一些不識字的老人根本不知道如何操作。

各種智慧裝置的發展是為了服務於人，而不是讓人喪失社會交往能力，更不是讓人成為智慧型手機時代的「容器人」。

所以，在人工智慧時代，智慧產品的終端就要更加人性化。具體來講，智慧產品的終端要能夠一端多用，而且能夠在演算法的推動下，主動利用大數據訊息，為我們自主推薦高品質的訊息。同時，智慧產品的終端擁有良

好的語音識別技術及視覺識別技術,我們就能夠與其進行交流,這樣就大大降低了使用智慧產品的門檻。

例如,洗衣機就可以是一個智慧終端。只要告訴它「我要洗衣服」,把髒衣服放進去後,它就會自動分類處理,而且會自動選用不同的洗衣用品,使衣物更加清潔。同時,這款洗衣機還有智慧掃描功能和語音播報功能,就像人一樣,能聽到聲音,也會說話。在開始洗滌之前,它會自動掃描所有衣物,看是否存在重要物品或易毀壞物品,如錢包、重要單據等。如果有以上物品,它會主動告訴我們,讓我們取出後,它再自動加水清洗。

總之,在人工智慧時代,智慧終端要能夠充分完善使用者體驗,進一步降低使用者使用的門檻,同時更要提供優質多元的服務體驗,這樣才能使用戶在終端使用環節感覺輕鬆舒適。當然,這些功能不太可能僅透過終端完成,更需要雲端為其提供強大的智力支撐和基礎支援,畢竟「雲端一體」是人工智慧發展的趨勢。

▌3.2.2 雲:智慧大腦

「雲」是一個很有文藝感的科學概念。雲端運算有可能是借鑑了量子物理學中「電子雲」的概念。所謂雲端運算,就是要重點地、具體地說明演算法具有範圍的瀰漫性、分布的隨意性及強有力的社會性特徵。也許科學家看到雲時而漂泊、時而匯聚、時而單一、時而多樣的狀態,才把這一自然現象應用到科學中來。

同時,雲端運算具有強大的能力,能夠把大數據、裝置應用、訊息管理、網路安全等訊息有效地集結在一起,構成一個複雜高效的網路系統。在這一系統下,智慧型機器就能夠自主地學習,更加人性化地為我們服務,所以,我們把「雲」形象地稱為「智慧型機器的智慧大腦」。

在行動網路時代,我們始終強調個性化服務,即資源訊息在推送時要做到定向推送。而做到這些,就離不開雲端運算強大的資料處理能力及訊息整合能力。在人工智慧時代,雲端服務必將是智慧資訊技術發展的趨勢。

李飛飛目前是人工智慧領域的頂級專家，他的主要研究方向為電腦視覺、機器學習及認知計算神經學。他曾經任美國史丹佛大學電腦系副教授，2016 年加入 Google 後，擔任 Google 雲端人工智慧領域首席科學家。

李飛飛在談到人工智慧與雲端運算時曾說：「人工智慧已經到了可以真正走進工業、產業界，為人類服務的階段。這個階段不是最後一個階段，但是人工智慧發展了 60 多年，第一次有這樣的機會。什麼樣的平台可以讓人工智慧加入各種產業？雲是個當仁不讓的平台。因為只有雲平台可以讓企業把它們的資料都放上來。只有雲能讓企業有機會透過資料、計算平台和人工智慧的演算法解決它們的問題，增強它們的競爭力。雲能最大限度讓業界受益於人工智慧。」

總之，雲平台具有巨量的資料資源和強大的運算能力，如果賦予人工智慧強大的雲端運算能力，則會使億萬百姓受惠。同時，融合後的雲端運算具有更加主動靈活的特性，能夠更加智慧地為使用者服務。

雲，相當於電腦的大腦，也可以說是智慧產品的大腦，它具有人類的理解能力和回饋能力。雲演算法的提高必將促使人工智慧進一步發展。可是，就像人腦會出錯一樣，電腦的雲演算法也會造成一些不良的現象。例如，個人隱私被洩露、國家安全問題、運算程式出問題陷入癱瘓等，具體內容如下。

一方面，安全問題一直是雲端運算的弱點。企業在啟動雲端服務時，要做到絕對的隱私化處理，保證公司內部資料和資料的安全。網路上存在很多駭客，他們會根據相關利益，利用網路技術入侵其他企業的內部網路，竊取大量機密，導致公司的利益受損。

另一方面，雲端運算基礎下的智慧推薦系統也會出現不好的狀況。搜尋引擎的智慧推薦本來是一項不錯的智慧功能，當我們瀏覽到感興趣的人或事情時，下一次它會主動向你推薦相關的訊息，這樣為我們節省了很多時間。可是，智慧推薦也存在弊端，我們要用一分為二的觀點來看智慧推薦功能。

例如，當一個喜歡深度閱讀的人偶然看了一則娛樂八卦消息，之後瀏覽器的智慧推薦總是推送一些娛樂八卦類的消息，這樣反而會引起使用者的強烈不滿。更可惡的是，一些強制推送的廣告類文章，你還必須瀏覽，如果不慎點開，那麼系統整天都會為你推送一些無用的文章，這對我們取得有效新聞是很不利的。

網際網路時代，網路社會是一個虛擬的空間。在人工智慧時代，這種虛擬空間將會進一步擴大。在汪洋似海的大數據中，雲端運算偶爾出現一些偏差，那麼結果就會大大不同。結果不同，我們的行為導向自然也不同，最終我們的策略也會不同。

在這個虛擬的空間，資料雲集的空間，雲端運算偶爾失誤也是難以避免的，但是如果總是出現問題，那麼就是訊息管理人員的失職。對網路雲進行合理的監管，促使雲端運算更能合理地為人們服務則是我們應該關注的重點。

建立雲端安全管理平台是一個不錯的想法。這一平台能夠綜合協調各種安全能力，可以有效對雲網路進行訊息監管，做好整個雲網路內容的安全防護，同時也能使我們的生活更加無憂。

在人工智慧時代，雲端運算技術與智慧服務模式依然在快速發展。只有網路雲的資料安全、高質高量，雲端運算的能力才會更加精確、科學、富有人性化。只有打造一個全面的雲安全管理平台，人工智慧的商業落地才會更進一步。

▌3.2.3 雲端一體：普惠 + 自由 + 服務於人

人工智慧的發展需要智慧終端提供便捷的互動入口，需要網路雲提供巨量的資料和超強的計算能力，更需要我們結合雲與端，提供更好的服務。具體做法是運用平台化的技術能力，使智慧型機器雲端一體。雲端一體的最終目標自然是研發更好的人工智慧產品，為人們提供更加普惠、更加自由的服務，如圖 3-3 所示。

圖 3-3　雲端一體化的三大原則

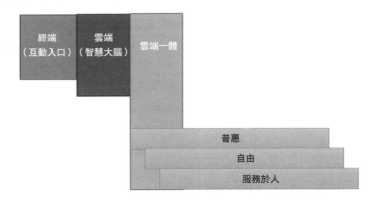

所謂「普惠」，簡單來說就是應用更加普及，即人工智慧的發展從工具到機器，操控智慧裝置的人群從工程師變為老人和孩子。

所謂「自由」，是指人工智慧透過強大的雲端服務整合，突破應用服務的界限，給人以自由。

所謂「服務於人」，是指雲端一體的人工智慧產品將擺脫單一功能化的限制，以滿足人的場景需求為第一要務，透過滿足人的各類場景需求，達到為人類服務的目的。

雲端一體化是智慧商業落地的核心，我們在設計產品時必須遵循「普惠」「自由」「服務於人」這三大原則，重新定義智慧產品。

在應對人工智慧這場全新的技術革命及智慧商業落地時，重中之重就是要建立新的行銷與服務準則。只有強化服務，才能贏得客戶的信任，最終才能提升人工智慧產品的核心競爭力。

目前，人工智慧發展的商業模式還是簡單的銷售模式，即有什麼產品就賣什麼產品。人工智慧的研發與生產還處於起步階段，目前還不能滿足人們日益多元化、個性化的產品消費需求。整體來看，人工智慧商品的服務體系也處於不完善的階段。

在這一背景下，誰要是在利用技術的基礎上提高了服務能力，那麼他就必然會抓住商機，創造輝煌。而提高綜合服務能力的基礎就是打造雲端一體的新產品，進而滿足人們多樣化的需求，提高服務質量。

在行動網路時代，人們已經開發了許多智慧型手機作業系統，如安卓系統、iOS 系統等。同時人們也開發了一些人機互動體驗方式，如語音互動、人臉識別互動等。另外，近年來網路大數據又處於即時更新的狀態，演算法的能力也逐漸提升，這些都為人工智慧的雲端一體打下了良好的根基，雲端一體的產品也必然會為人們提供更好的服務。

那麼，在人工智慧時代，如何打造雲端一體的新形態，使其提供我們更好的生活服務呢？具體方式如**圖 3-4** 所示。

圖 3-4 打造雲端一體新形態，提高綜合服務能力

第一，在智慧終端打造「桌面雲」。關於「桌面雲」，IBM 的定義如下：「可以透過瘦用戶端或者其他任何與網路相連的裝置來訪問跨平台的應用程式，以及整個客戶桌面」。建立「桌面雲」的目的是為客戶打造一個核心入口，使之成為了解客戶需求的常用渠道。

人工智慧產品的運營商可以透過「桌面雲」這個人口，綁定核心產品及相關應用，為客戶推薦智慧產品，從而提高智慧產品的曝光率，促進智慧產品的商業落地。

第二，在網路雲進行安全合理的控制。網路雲上儲存著巨量的訊息，而這些訊息未必都是有效的、科學的，我們就需要建立一個雲上的訊息管理平台，自動封鎖垃圾訊息。

第三，深入研究演算法，提高智慧水準。在電腦演算法上，雲端運算必備的能力是個性化推薦介面、打造良好的業務行為分析系統、根據熱點訊息進行系統分析、提供商業智慧報表服務等。只有人工智慧產品具有這樣的計算能力與功能，個人和企業才會爭相購買。

第四，構建綜合服務平台。人工智慧的綜合發展、全面的商業落地，還需要在雲端一體的基礎上，進一步構建以使用者為主的綜合服務平台。只有人工智慧產品的綜合能力突出，產品才能贏得人心，獲得大眾的喜愛，商業落地的能力自然而然就會提高許多。當然，構建綜合服務平台，需要聯合各方面的力量，需要更多的研發經費及各行業的人才。總之，人工智慧運營商若想在競爭中占據優勢，就必須打造優質的星級服務。

智慧商業落地不是一蹴而就的，運營商應該在雲端一體的技術基礎上，充分提高自己的商業服務意識，最終使自己的智慧產品服務更加普惠，更加突顯自由，更加能夠服務大眾。

雲端一體帶來的生態變化

從狹義上來講，生態是一個生物學、環境學術語，但是從廣義上來看，生態就是一個能共存的環境。

在自然環境下存在一系列的生態變化，在社會環境下也存在一系列的生態變化，在科技環境下，更是存在一系列的生態變化。例如，從 PC 時代的 EXE 到行動網路時代的 App，再到人工智慧時代的 Skill。

生態變化如果向好的方向發展會促進社會進步，反之，則會使社會發展進入停滯階段，甚至出現倒退現象。

當商業發展進入一個新的產業變革期，往往會有新的商業力量大規模來襲，由此會導致商業環境急劇變化，這些變化極有可能使先前的商業價值鏈整體坍塌。

在人工智慧時代，科技生態變化的根源就在於雲端一體的研發與應用。所謂雲端一體，就是大數據結合雲端運算，共同促進入工智慧的發展。雲端一體帶來的生態變化如**圖 3-5** 所示。

圖 3-5 雲端一體帶來的生態變化

雲端一體使社會生態更加自由、更加智慧，使人們的生活更加美好。

3.3.1 EXE：PC 時代開放生態

EXE File 即可執行文件。EXE 可以被存放到電腦磁碟中，可以透過作業系統載入處理程序。PC 時代，可謂是 EXE 獨步的時代。雖然現在已經進入了行動網路時代的後期與人工智慧時代的起步期，但是 PC 端的 EXE 仍舊發揮著重要作用。

在 PC 時代，所有的軟體都是從網路上下載的。我們直接下載一個 EXE 檔案，就能在自己的電腦中執行相關程式，進行相關操作。

總之，在 PC 時代，沒有 EXE 辦不到的事情。

在 PC 時代，我們的社會生態、科技生態可謂是一個完全開放的生態。不管你用哪個品牌的電腦，EXE 都能執行無礙。因為 EXE 只是提供了一個硬體的能力，所以，電腦的品牌對它沒有任何約束力。

在這樣一個開放的科技生態裡，我們的生活更加自由、美好。

我們可以借助電腦平台，利用網路技術，了解我們想要知道的一切，欣賞美麗的風景圖片，聽一些歡快優美的歌曲，觀看一些對人生有益的影視作品。總之，我們足不出戶，就能知天下事。

在這樣一個開放的科技生態裡，人類的工作效率也大幅提升。

整體來看，PC 時代是滑鼠、鍵盤和網路構成的時代，越來越多的商業交流都透過網路展開。在沒有電腦版的社交軟體之前，如果我們要進行跨國的商業交流，一般都要坐飛機，不辭萬里地與他人約談。

到了 PC 時代，我們有了即時通訊軟體，就可以透過即時通訊軟體與遠方的客戶進行交流，再也不用趕航班、調時差了。這樣就大大節省了時間，提高了工作效率。

在這樣一個開放的科技生態裡，我們的思想也更加開放了。

在 PC 時代之前，有大局觀的人都是那些有權力、有文化、有學識的人，因為他們處於社會的上層，他們的視野更加開闊。在 PC 時代，普通人接觸到網路後，也逐漸形成了大局觀，對自己的成長和發展也有了更高的期待。人們普遍認為，只有懂得並學會開放共享，才會進步、成長。

PC 時代是一個開放的時代，科技生態處於一種開放的狀態。在這一狀態下，社會生態朝著好的方向發展，我們的生活越來越自由化，我們的工作效率也越來越高，我們的觀念也越來越開放。

▌3.3.2 App：行動網路應用生態

時光不會停止前進的腳步，只要我們不停止研發，科技會越來越先進、智慧。如今，科技的發展大致也是每 10 年一個階段。2000 年前後，我們就逐漸步入了後 PC 時代。2010 年，隨著 4G 技術的誕生與應用，4G 與智慧型手機結合，我們的社會就步入了行動網路時代。

在行動網路時代，智慧型手機 App 的研發與應用就成了新時代科技的寵兒。智慧型手機 App 的中文名稱是「智慧型手機的第三方應用程式」，較著名的手機應用商店有 Apple 的 App Store、Google 的 Google Play Store 等。

在應用市場，我們可以為手機下載各種 App。這樣，智慧型手機就能夠逐漸替代電腦的部分功能。例如，我們可以隨時隨地用手機聽音樂、看影片、看電子書、與他人進行語音聊天和視訊通話。雖然我們也可以透過下載手機版的 Office 軟體來進行文件編寫，但是由於介面小，手機智慧輸入法的鍵盤也小，長時間打字也比較累，所以，目前在辦公領域，電腦仍然是不可替代的。

App 為什麼在行動網路時代如此令人著迷呢？這與 App 的四大優勢密不可分，如圖 **3-6** 所示。

圖 3-6 智慧型手機 App 的四大優勢

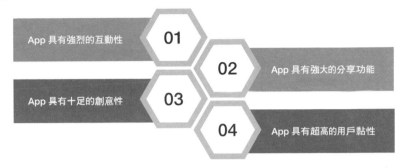

第一，App 具有強烈的互動性。App 為智慧型手機提供了比電腦更豐富多彩的互動體驗形式。

一方面，智慧型手機的觸控螢幕就是一種很好的人機互動體驗，這就遠遠超過了電腦。我們在操作電腦時，只能透過鍵盤、滑鼠來操作。然而，智慧型手機可以隨身攜帶，再加上觸控螢幕功能，我們就可以隨時隨地進行人機互動。

另一方面，隨著 App 研發的深入，智慧型手機逐漸有了更多功能，各種 App 平台的評論功能就是一種很不錯的互動體驗。例如，在 Uber Eats 上點餐時，就可以看到不同的人對商家的評價，從而影響你是否選擇這家店。

同時，按讚功能也增加了使用者之間的互動性。另外，隨著 App 評論功能的開發，使用者可以進行評論，這更增加了使用者之間的互動性。

第二，App 具有強大的分享功能。目前多數 App 都會提供分享功能。例如，當你在網站上看到了一些比較深刻、新穎、有趣的觀點時，就可以直接使用分享功能，把這個有趣的觀點分享到你的社群網站，讓更多的朋友了解你的動態，了解這個有趣的觀點。同時，LINE 還有位置分享功能。當朋友要來拜訪你時，你可以直接在 LINE 裡分享你的地址，他透過 Google 地圖的導航，就可以輕鬆抵達目的地，方便快捷。當然，這類的分享功能還有很多，這裡就不再逐一列舉。

第三，App 具有十足的創意性。創意十足的 App 總是能夠給人帶來驚喜。一種新的媒體工具，如果它具有新的呈現方式、互動方式，那麼就會真正讓使用者喜歡，使用者會不斷訂閱。

例如，嗶哩嗶哩（Bilibili）App 在剛問世的時候，就引起了巨大的回響。在嗶哩嗶哩上，使用者可以自己剪輯影片、上傳影片，而且總是帶著強烈的個性。我們習慣稱其為「B 站」。在 B 站上，有多元化的內容分區，包含動漫、番劇、音樂、舞蹈、遊戲、科技、娛樂等。嗶哩嗶哩最著名的就是其超強的評論功能，我們在看一個短片時，有時看評論就能讓我們樂翻天，總之它的娛樂性、創意性十足，受年輕人喜愛。

第四，App 具有超高的使用者黏性。現在，人們無論走到哪裡都會攜帶手機，簡直到了機不離手的境地。有一種活靈活現的說法是，「出門忘記帶錢包可以，但是忘記帶手機則是一件很痛苦的事情」。為什麼會機不離手呢？這與 App 的使用密不可分。例如，當我們購物時，可以透過行動支付寶進行付款；當我們坐捷運時，可以追一下劇或是聽音樂；當我們上廁所時，可以透過遊戲 App 玩一些益智類的小遊戲。總之，App 的應用使我們的閒暇時間被充分利用，這就大大提高了使用者的黏性。

在行動網路時代，App 的研發與應用具有超強的使用者體驗，我們的科技生態整體上處於「應用生態」的層面。在這一層面，人們的生活也更加自由化、個性化。

3.3.3 Skill：機器智慧服務生態

隨著 AlphaGo 屢次戰勝人類，我們又一次迎來了人工智慧的春天。現在的我們正處於後行動網路時代與人工智慧時代的交會時刻，在這樣的歷史節點，科技生態也將迎來新的變革。我們將由行動網路時代的應用生態，向人工智慧時代的機器智慧服務生態進軍。

隨著行動網路技術的不斷升級和 SEO 的不斷最佳化，網頁的自主推薦功能也越來越人性化。另外，隨著動圖技術的提升，以及短片的出現、升級，我們可以隨時瀏覽短片。

這樣，我們下載、使用 App 的意願就相對薄弱。除非閱讀小說或追劇，平常也不會主動下載其他 App。

整體來看，在人工智慧時代，除了那些發展成熟的 App 還能立足，其他的一些毫無個性的 App 將會逐漸被社會、市場淘汰。

在新時代，也必將會有新的科技寵兒。人工智慧時代，我們的科技新寵將會是「Skill」。

Skill 的中文意思是技能。剛開始時，人們普遍把它稱為「功能」，不過隨著時間的流逝，隨著人工智慧時代的來臨，我們也逐漸改口稱它為「技能」。功能是對物品特性的一種稱呼，而技能是對人的本領的一種稱呼。

亞馬遜從很早之前就開始研發自己的 Alexa Skill（一種人機互動的語音技能）。其實，人機語音互動技術最早進入大眾視野可以追溯到蘋果搭載的 Siri 時期。但語音技術真正產生影響力，還是在亞馬遜成功推出 Echo 音箱後，如圖 **3-7** 所示。

圖 3-7 Amazon Echo 音箱及其語音功能

Amazon Echo 音箱可以用「個子雖小,功能俱全」來形容。你可以向它詢問新聞、天氣狀況、理財訊息等,它都會在理解後,透過語音為你進行合理的解答。

此時,人們才進一步意識到語音技能的強大,了解到語音技能不僅可以應用在智慧型手機上,還可以應用到我們的生活場景中。

在人工智慧時代,科技大廠都把研發生產的重點放在機器智慧領域,最終目的是智慧型機器能夠更好地為我們的生活服務。然而,由於科技水平有限,目前更為全面的人工智慧裝置還未研發出來,現有的研發水平還處於語音互動及簡單的視覺識別階段。未來,人工智慧將會有更美好的前途。人工智慧將會為我們分析問題,甚至能夠提供決策訊息。未來,人工智慧將會為我們提供更好的服務。

讓消費者接受人工智慧
還要看使用者場景

在網路技術、人工智慧技術爆發式成長的同時，場景落地是未來人工智慧應用的重點。

處於人工智慧時代，人工智慧的影子也逐漸遍布生活的各個角落。無論如何，我們必須挖掘真正需要人工智慧的使用者場景。只有將人工智慧技術應用在使用者需要的地方，進一步解決使用者的痛點，滿足使用者的真實需求，才能促進入工智慧的商業落地。

3.4.1 應用場景化：人工智慧落地基石

優秀的產品和先進的技術只有在具體的應用場景中使用戶受益，才會得到使用者的青睞，否則，技術只能處於研發階段。人工智慧的發展同樣如此，只有從使用者場景的角度來思考人工智慧的未來，人工智慧才會有無限可能。

在談到人工智慧的應用場景時，阿里巴巴人工智慧實驗室的王剛博士說：「無論是在學術界還是工業界，人工智慧最近的發展非常迅速。在人工智慧商業化方面，我們取得了非常大的進展。如今，已經發布的天貓精靈能讓人機互動更自然、更輕鬆、更容易，這背後就是大量的人工智慧技術的支援。但是，很多人工智慧型手機構確實遇到了商業化的難題，一個比較大的原因就是沒有找到合適的應用場景。細化一下，又有幾個可能的原因，如不了解使用者真正的需求，不知道現在的技術的能力界限──能做什麼和不能做什麼，不知道怎麼用合適的產品形式把技術包裝起來。」

由此可見，人工智慧應用場景的選擇和人工智慧解決使用者需求的能力都是我們應該考慮的重點。

如今，人工智慧的具體應用場景也是多元的，如圖 **3-8** 所示。

圖 3-8 人工智慧的具體應用場景

人工智慧生態

企業與政府應用	消費者應用
金融	智慧家庭
醫療	機器人
製造	玩具
媒體	機器翻譯
…	體感設備
	智慧駐守
	輔助駕駛
	增強實境
	…

基礎數據服務、基礎 API

運算資源

底層可應用技術：圖像識別、語音識別、自然語言處理、硬體技術…

人工智慧產品可以在不同產業進行商業落地，如金融領域、醫療領域、製造領域、媒體領域等；在消費者應用層面，人工智慧涉及生活的各個方面，如智慧家居、輔助駕駛、機器翻譯等；在底層可應用技術層面，包含圖像識別、語音識別、自然語言處理及硬體技術等。

其實人工智慧的產品研發、場景落地的核心是提高人的工作效率或替代人的部分功能。從這個角度思考，需要考慮兩個方面的問題。

第一，我們生產的人工智慧產品在具體的使用者場景下，使用的頻率高不高，效果好不好。使用者使用的頻率是決定是否應該研發該產品的關鍵。

第二，在這個應用場景下，人工智慧產品替代人的價值的大小。如果人工智慧產品能夠把人從煩瑣的、大量重複性的、重體力型的工作中解放出來，而讓人從事創造性的工作，那麼人工智慧就具有高價值。這樣的人工智慧產品的商業落地還是有前景的，人們也更願意接受這樣的人工智慧產品。

當然，對於人工智慧產品替代人的部分功能，許多人都表示擔憂。他們認為，如果人工智慧產品替代了人的部分功能，那麼企業就會選擇人工智慧產品來工作，而不需要人去工作，很多人就會有失業的風險。

如果這樣，那麼人工智慧的商業落地則會難上加難。

其實，對於這個問題，我們不必過於擔憂。

人工智慧產品研發及商業落地的初期，也許會因為觸及部分勞動者的利益而遭到牴觸，但是我們要有長遠的眼光，要堅信好的人工智慧產品必然會造福人類，我們要始終選擇為人類服務的場景進行商業落地。

正如矽谷「鋼鐵人」埃隆・馬斯克在他的 Twitter 上所寫的：「AI will be the best or worst thing ever for humanity, so let's get it right.」（對於人類來講，人工智慧可能帶來最美好的事情，也可能帶來最糟糕的事情，只有我們堅持最美好的初衷，人工智慧才會更美好。）

由此可見，在這個技術日新月異發展的時代，我們需要引導技術向更好的方向發展。我們要找到契合人類需求的技術，讓技術使生活更美好。

綜上所述，人工智慧已逐漸走出學術的「象牙塔」，逐漸走向商業、走向尋常百姓家。我們必須承認，時下人工智慧的長遠發展，找出適合的應用場景甚至比技術開發更為重要。同時，我們只有秉承人工智慧為生活服務的美好初衷，讓消費者能夠用人工智慧產品解決更多的問題，提高消費者的使用滿意度，人工智慧才會有一個更加美好的未來。

3.4.2 細分領域：細分場景更有價值

在人工智慧時代，商業的發展模式朝著更加集約化、細分化、智慧化的方向前進。想要憑藉粗放式的經營方式取得長遠發展已經不太可能了，「一招鮮，吃遍天」的時代也早已一去不復返了。

如今，人工智慧產品在商業落地時，必須進一步細分行業領域，細分市場前景，細分使用者場景。只有這樣，才能讓人們接受人工智慧產品，並逐漸對人工智慧產品產生依賴感，商業落地才會更快，市場前景才會最好。

關於人工智慧產品的市場領域細分、場景細分，業界專家也提供了一些科學的建議。

王守崑曾經是豆瓣（中國一個類似 IMDB 性質的網站，除了影片之外，也包含書評）的首席科學家，現在是愛因互動科技有限公司的創始人。在談到人工智慧發展時，他曾經這樣說：「如果現在還想進入人工智慧賽道，需要考慮是否可以從更細分的領域進入。如果脫離了使用的環境、場景和產品，人工智慧很難盈利。因此，越細分的領域、越細分的場景，反而變得越來越有價值。」

其實，目前細分人工智慧產品的使用者場景並不難，關鍵是要確定自己的研發方向，並瞄準一個盈利點。在此基礎上，堅持不懈地進行更為細緻的場景細分，滿足使用者更為多樣化的需求，培養使用者的信賴感，這樣人工智慧產品才會有長足的發展。

下面以智慧家居產品為例，具體地說明如何進行場景細分。

當我們早上起床時，智慧枕頭會在耳邊輕輕呼喚，智慧床墊會輕輕震動，總之它們會以最人性化的方式把我們叫醒，這要比定鬧鐘的方式智慧許多；當我們洗臉刷牙時，智慧鏡子會用語音告訴我們今天的行程安排，讓我們對自己的時間有一個合理的規劃，同時也節省了時間。

也許你會覺得這有點像科幻電影中的場景，其實不然。上述產品的功能，如今智慧雲端運算基本上都能夠做到，特別是語音識別、視覺識別功能，基本上都已經處於商業開發階段。

舉這個例子就是要說明，人工智慧產品領域的細分必須立足於我們的生活，而且能夠使我們的生活更加智慧和方便。

如果人工智慧產品的開發商不懂得結合生活，只會研發生產一些遠離生活的產品，那麼人工智慧的落地必然難上加難。例如，智慧型機器人的研發，若不是為了幫助人們，而是選擇以「機器人大戰」的形式來吸引注意力，那麼這樣的商業開發也只能是暫時的。

另外，人工智慧產品領域的細分是多元的，不僅可以在智慧家居產品方面進行細分，還可以在教育領域、汽車領域、娛樂領域進一步研發新的智慧產品。

總之，只有與生活息息相關的人工智慧產品，才會具有更大的價值，未來的市場前景才會更好。

全球流行的五大智慧應用

智慧產品的商業落地正在進行中。這需要遵循一個循序漸進的過程,我們只能根據目前的科技水平,進行相關產品的商業落地。

如今,全球有五大流行的智慧應用,分別是智慧型機器人、智慧音箱、無人駕駛、無人超市和智慧城市。

3.5.1 智慧型機器人

如今,科技的發展正以加速度的模式推進。與 20 年前的網路技術相比,如今的人工智慧技術就又上了一個新的台階。隨著大數據的日益完善和雲端運算演算法的提升,人工智慧技術的發展到達了一個新的高度。

隨著人工智慧技術的發展,智慧型機器人也正在以不同的形式走進我們的日常生活,同時也方便了我們的生活,讓我們的生活更加舒適健康。而且在當今社會,智慧型機器人也變得越來越重要,許多領域和眾多崗位都需要智慧型機器人的參與。

在這種情況下,將家庭消費型機器人作為人工智慧應用的突破口,就顯得尤為重要了。家庭消費型機器人最貼近人們的生活,能讓人們更加了解人工智慧,這對人工智慧的未來發展大有裨益。

IDC(International Data Corporation)的高級分析師潘雪菲認為,伴隨著人工智慧的發展,消費級機器人成為其重要的硬體產品形式之一,比其他產品具有更強的行動能力。如果在人工智慧技術的基礎上,透過在現實空間上打通工作環節,成為個體之間的行動連接,消費級機器人將產生更大的應用價值。

目前，在家庭消費領域，消費機器人的市場也正在逐漸細分，其中以家務、娛樂、教育和陪伴型機器人為主。同時，在各類客服領域，也有各種提供諮詢服務的機器人。

在家務領域，現在比較有名的就是掃地機器人。我們只要透過點擊手機螢幕，就能對掃地機器人進行遠端操控，之後它就會自主打掃房間。

其實，掃地機器人的工作原理來源於無人駕駛的感測技術。掃地機器人能夠自主繪製室內清掃地圖，並智慧地為清掃任務做出規劃。根據相關測試，它的清掃覆蓋率能夠達到 93.39%。

在家務方面，智慧型機器人的設計並不會止步於房間清潔，以後的設計還會更加個性化。例如，機器人烹飪，我們可以為機器人輸入烹炒程式，為它設定翻炒、自動配加調料等方面的技術，烹飪將會變得更加方便輕鬆。

在家庭娛樂領域，我們會設計出一些智慧寵物，為生活增加愉悅感。如今，很多人都會養寵物，雖然這些寵物的到來為我們的生活增添了許多樂趣，可是這些寵物也要「吃喝拉撒睡」，我們必須對它們製造的生活垃圾進行管理，這是一件比較煩人的事情。

隨著人工智慧的發展，我們可以設計一些「機器狗」、「機器貓」，讓它們成為我們的寵物。這些智慧的寵物，不僅擁有動物最真實的叫聲，而且能夠完全理解人類的語言，幫助我們做家務。

另外，在智慧家庭服務機器人的商業落地領域，我們要重點提高智慧型機器人的語音互動能力、視覺識別能力、智慧化操作能力及深度理解能力，讓它們為我們的生活做貢獻。

總之，機器人的全面開發還需要長久的努力。一個能讓人們喜歡的機器人，不僅要有超強的演算法能力，還能夠根據大數據訊息和深度學習演算法進行自主學習，不斷滿足人們日漸多元的需求。

▍3.5.2 智慧音箱

2015 年 6 月，亞馬遜推出第一代智慧音箱 Echo，創下了智慧音箱的先河，現在亞馬遜仍舊是智慧音箱的領導者。亞馬遜是先行者，他們首創了一個系統的智慧語音互動系統，在兩年間培養了大量的忠實客戶，抓住了發展的先機。

Echo 的最大特色是把語音識別技術移植到傳統的音箱中，讓傳統的音箱升級為新一代的智慧音箱。智慧音箱的作用很多，不只是播放歌曲，我們能夠透過語音操控它，讓它與我們的智慧家居產品相互聯繫。

智慧音箱就相當於我們的生活小助手，我們可以用生活化的語言給它們一些指令。例如，我們可以讓它們在網路上訂火車票、在網路上購物、叫外賣等，它們都能迅速幫我們完成任務。

經過兩年的發展，市面上智慧音箱的種類和品牌越來越多，也有更多的創新形式。

雖然智慧音箱如雨後春筍般冒了出來，但是我們不能否認智慧音箱仍存在同質化嚴重的現象，而且功能也不完善，還存在一些小瑕疵。例如，當我們讓智慧音箱去打開窗簾時，它可能會出現卡頓現象，反應遲鈍。

智慧音箱的發展道路還很漫長，為了智慧音箱更為長遠的發展，我們要做到以下四點：

- 在研發階段，科技工作者要為它輸入更進階的演算法，讓它具有更強的自主學習能力。

- 在生產階段，生產製造商要為智慧音箱挑選最好的原材料，從而增加它的反應速率，延長它的使用壽命。

- 在商業落地方面，各個企業要結合自身的優勢，同時根據市場的需求，創新智慧音箱的形式。

■ 在智慧財產權方面，企業要有專利保護意識，積極申請自己的研發專利，獲取相關智慧財產權的保護。

如今，智慧音箱在發展的道路上有許多可能性，也存在不足與缺陷。我們要結合社會各方面的力量，為智慧音箱更完美的未來打下堅實的基礎。

3.5.3 無人駕駛

在人工智慧時代，無人駕駛汽車的研發製造方興未艾。如今，世界上最先進的無人駕駛汽車已經行駛了將近 50 萬公里的路程，而且最後 8 萬公里完全沒有任何人為的干預。由此可見，無人駕駛技術水準高超。

無人駕駛汽車是智慧汽車的品種之一，主要工作原理是透過智慧駕駛儀，配合電腦系統，實現無人駕駛。

具體來看，無人駕駛汽車綜合了各方面的人工智慧技術，特別是視覺識別技術、超強的感知決策技術。無人駕駛汽車的攝影機能夠迅速識別道路上的行人和車輛並做出相關決策，例如，它可以像熟練的司機一樣來進行調速，實現最完美的汽車駕駛。

無人駕駛其實也不是最近才有的新概念。無人駕駛的歷史可以追溯到 1970年代。在那時，美國、英國、德國的眾多科研人才就開始了無人駕駛方面的研究，而且國家也比較重視，給予了大量的經費，在當時也取得了一些突破性的進展。

未來，無人駕駛也會有很好的前景。最新科技報告顯示，截至 2019 年 6月，與無人駕駛汽車技術相關的發明或專利已經超過 30,000 件。而且在無人駕駛技術發展的過程中，部分技術團隊已嶄露頭角，成為該領域的佼佼者，如 Google 的無人駕駛技術團隊。預計在 2022 年前後，無人駕駛汽車將全面進入市場，開啟一個汽車發展的全新篇章。

無人駕駛的快速發展，與它給我們帶來的諸多便利及巨大的商業前景密不可分。

據權威人士推測，無人駕駛汽車的使用能夠有效紓解城市交通擁堵、減少空氣汙染、增加高速公路的安全性，為我們的生活帶來諸多便捷，如**圖 3-10** 所示。

圖 3-10 無人駕駛汽車帶來的便利

1. 緩解城市塞車問題

2. 減少空氣汙染

3. 增加高速公路的安全性

第一，無人駕駛汽車的大規模研發，將會有效紓解城市交通擁堵的問題。

每個大城市都會面臨交通擁堵的問題。據相關資料，在繁忙的市區，約有80% 的道路會出現擁堵現象。美國加州大學教授唐納‧舒普經過具體的研究説：「在繁華的城市，超過 30% 的交通擁堵現象是司機為了尋找最近的停車場而在商務區不斷繞圈造成的。」

無人駕駛汽車的投入使用，將會大大舒緩塞車。因為無人駕駛汽車的車載感應器能夠與交通管理單位的智慧感知系統聯合工作，這樣可以從全域角度把握各個道路交叉口的即時車流量訊息。之後，無人駕駛汽車會根據相關訊息，進行即時回饋，調整車速，儘量做到不讓一堆車子同時出現在同一個十字路口。這樣就能有效提高車輛的通行效率，紓解令人頭痛的塞車現象。一旦無人駕駛汽車大規模投入使用，那麼車與車之間都能進行即時交流，保持最合理的車速，也不會出現超車等行為，這樣也能有效紓解塞車問題。

第二，無人駕駛汽車的大規模研發，將會減少空氣汙染。

我們必須承認，燃油汽車是造成空氣品質下降的主要原因之一。眾所周知，二氧化碳的排放量增高是造成溫室效應、全球氣候變暖的主要原因。科學調查顯示，全球二氧化碳的排放中約有 30% 來自燃油汽車。

美國著名的戰略性研究機構蘭德公司經過深入研究後發現，無人駕駛技術能提高燃料效率，透過更順暢地加速、減速，能比手動駕駛提高 4% ～ 10% 的燃料效率。

此外，無人駕駛汽車的共享系統也能有效減排和提高節能效率。德克薩斯大學奧斯汀分校的研究人員經過一系列的科學分析和實踐調查發現，使用無人駕駛汽車不僅能夠節省能源，還能夠減少各種汙染物的排放。

在共享經濟時代，無人駕駛汽車未來也必將成為共享汽車的一部分。其實，無論是傳統的司機駕駛汽車，還是將要大規模投入使用的無人駕駛汽車，如果共乘的乘客多，就能夠紓解交通擁堵，同時環境也會更好。

第三，無人駕駛汽車的大規模研發，將會增加高速公路的安全性。

高速公路安全問題在交通領域一直是令我們焦慮的問題，幾乎每天都會有人死於高速公路的交通事故。據世界衛生組織的相關統計，全世界每年有 124 萬人死於高速公路事故。這一調查結果是驚人的，世界各國都在努力採取措施，降低高速公路的事故發生頻率。

同樣，蘭德公司也對高速公路安全事故做了全方面的研究調查，結果顯示，從整體來看，在車禍死亡事故中，39% 都是由酒駕引起的。毫無疑問，無人駕駛汽車的使用必將大幅度降低酒駕的危害，從而減少事故。

當然，無人駕駛的迅速發展還與它美好的商業前景有關。

從本質上講，無人駕駛能夠最大限度地節省人力，進一步降低運輸成本。對於未來的運輸業來講，如果無人駕駛汽車、卡車能夠被大規模地研發，那麼必然會有更加廣闊的市場需求與美好的市場前景。總之，無人駕駛汽

車的商業落地，必然會給傳統的汽車商業模式帶來巨大的改變，也會給我們的出行方式和生活方式帶來巨大的改變。

在 Google 的無人駕駛汽車實驗階段，雖然在無人干預的情況下也出現了一些交通事故，但是我們堅信，未來的科技一定能把無人駕駛的交通事故機率降到最低，遠遠低於由於人的各種失誤而造成的交通事故機率。

無人駕駛技術的發展正處於實驗階段的後期，將會逐步進入商業落地期。無人駕駛技術必然會憑藉著自己獨特的安全優勢、環保優勢、便捷優勢，為人們提供更智慧化的生活。

3.5.4 無人商店

在人工智慧時代，隨著行動網路技術的提升，物聯網的逐漸先進化，人臉識別技術的突破及第三方支付的日益便捷化，無人商店也逐漸興起，引起人們的關注。

無人商店準確來講是「無售貨員商店」，而並非是沒有任何人參與貨物擺放的商店。如今，無人商店的發展還處於實驗階段，並非全方位的無人商店。我們只能做到無售貨員結帳、無推銷員介紹商品。在現階段，消費者可以自由進入超市，隨拿隨走，消費者離開後，無人商店會立即透過智慧手段讓消費者進行支付。這大大節省了購物的時間，可謂方便快捷。

最早的無人商店非 Amazon Go 莫屬，它於 2016 年 12 月 5 日由亞馬遜全面推出，而且申報了相關的科技專利。Amazon Go 的關鍵技術還是智慧視覺識別技術。在 Amazon Go 的商品貨架上有多個攝影機，這些攝影機採用先進的、準確的視覺識別技術。它能夠透過感知人與貨架及商品的相對位置變化，來判斷是誰拿走了何種商品，從而達到智慧化的效果。

2017 年 7 月，阿里巴巴在「淘寶造物節」推出了無人零售快閃店，在社會上引起廣泛的關注。同年 8 月 14 日，該項目負責人應宏曾宣布：「我們計

劃今年年底完成技術升級，並在杭州落成全球第一家真正意義上的無人零售實體店，向廣大消費者長期開放。」

無人商店是新時代、新技術下的新產物，與原來的商店相比，無人商店具有顯著的優勢，具體如下：

■ 無人商店沒有收銀員、促銷人員，大大節省了人工成本。

■ 無人商店的環境幽雅、緊密，消費者能有無干擾的、自由化的購物體驗。

■ 在無人商店，消費者無須排隊結帳，隨拿隨走，使購物越來越便捷，越來越輕鬆。

■ 無人商店的銷售模式在機械化、自動化、智慧化的程度上逐漸提高，成為時代的新潮流。

這裡以阿里巴巴的淘咖啡為例，具體說明在無人商店購物的流程。

淘咖啡整體占地面積達 200 多平方公尺，是新型的線下實體店，至少能夠容納 50 個消費者。淘咖啡科技感十足，自備深度學習能力，擁有生物特徵智慧感知系統。消費者在不看鏡頭的情況下，也能夠被輕鬆地識別。透過配合螞蟻金服提供的超強的物聯網（IoT）支付方案，能夠為消費者創造更完美的智慧購物體驗。

消費者到淘咖啡買東西的流程很簡單，科技感十足，具體步驟如下。

當我們第一次進店時，只需打開手機端淘寶，掃碼後即可獲得電子入場碼，之後就可以進行購物。在淘咖啡購物和我們日常的購物並沒有區別，我們也可以挑選貨物、更換貨物，直到滿意為止。最大的區別是，在離開店時，必須經過一道結算門。

結算門由兩道門組成，第一道門感應到我們的離店需求，會智慧自動開啟；幾秒後，第二道門就會開啟。在這短短的幾秒內，結算門就已經透過

各種技術的綜合作用，神奇地完成相應的扣款。當然，結算門旁邊的智慧型機器會給我們提示，它會說：「您好，您的此次購物共扣款 ×× 元。歡迎您下次光臨。」

無人商店的優勢還不止於此。無人商店內的目標監測系統和影片跟蹤系統也能夠達到智慧銷售的目的。例如，當我們拿到商品時，會不由自主地展示出相應的臉部表情，另外也會展現出不同的肢體動作。也許我們還沒有意識到，但是智慧掃描系統卻能夠捕捉我們的所有「小動作」，從而了解我們的消費習慣或我們喜歡的產品。之後，它就會指導商家對店內的貨品進行更合理的擺放。當積累了足夠量的大數據訊息後，這些技術能夠幫助無人商店進行更精確的產品推送，會使無人超市整體的服務效果更好。

當然，無人商店不是萬能的，也有缺陷。特別是在使用者體驗這一領域，與更優秀的銷售人員相比，它確實顯得沒有太多的人情味。

針對這一現象，陳力曾經說：「對於未來零售業的想像，確實要考慮使用者體驗和使用者感受。人工智慧再智慧，也很難完全了解人性，以及對人的心理的洞察和體恤。」

綜上所述，無人商店在剛開發的初期，確實會存在一些技術瓶頸，可能會出現一些失誤。與優秀的員工相比，無人超市則顯得缺乏人情味，但是整體上還是瑕不掩瑜，相信隨著演算法技術的提升，大數據訊息的不斷完善，無人商店的服務會更加智慧化、人性化。

▌3.5.5 智慧城市

在人工智慧時代，人們更加追求生活品質。生活品質不僅僅體現在我們是否有錢，還體現在我們的生活環境是否健康。因此，很多國家都在積極建構智慧城市，使我們的生活更加美好。

所謂建設智慧城市，就是從我們日常的衣食住行的角度來思考，建構一個更加自由、便捷的生活環境。智慧城市的提出，是人工智慧進一步發展的必然要求，是「科技讓生活更美好」的具體實踐。

智慧城市的建設不是憑空出現的，它需要兩種驅動力來推動，才能夠逐步形成。一是新一代的資訊技術，包含物聯網技術、雲端運算的應用及大數據的廣泛應用；二是開放型的城市創新生態。前者是技術創新的結果，後者是社會環境創新的結果。總之，智慧城市的建設離不開技術與社會的雙向支援。

智慧城市在生活中有很多具體表現。

例如，我們利用網路對城市紅綠燈及攝影機進行聯網智慧監控，能夠即時了解城市交通狀況。同時透過強大的雲端運算能力，我們能夠合理切換紅綠燈的時長，從而有效紓解城市擁堵問題，最終使城市的執行更加高效便捷。

智慧城市的規劃建設，要綜合採用多項技術，如綜合感知技術、物聯網技術、雲端運算技術等。借助這些技術，我們能夠有效解決諸多「城市病」問題。例如，可以有效感知城市的即時狀況，對城市資源進行充分整合，合理分配。

另外，透過智慧城市的規劃建設，我們能夠進一步對城市進行更加精細化和智慧化的管理，進而減少環境汙染，減少不必要的資源消耗，逐步解決交通擁堵問題並逐漸消除城市中的各類安全隱患。最終實現城市的可持續發展，使城市更加智慧化。

智慧城市的目標是美好的，但是踐行的過程是曲折的。在智慧城市建設的具體過程中，必須遵循以下三個原則。

- 原則 1：要充分利用好物聯網、雲端運算等新技術。只有在科學技術的基礎上，智慧城市的建設才會有不竭的動力來源。

- 原則 2：要始終堅持以人為本、科學管理的理念。建設智慧城市的最終目的就是使我們的生活更美好。在建設智慧城市的過程中，只有運用更加精細化、動態化的方式來進行服務和管理，才能不斷增強城市的綜合競爭力和整體實力，人們生活的幸福感才會提升。

- 原則 3：要進一步最佳化配置資源，構建和諧城市。只有做到資源的合理分配，人們覺得公平，城市才能夠更加和諧。

綜上所述，建設智慧城市是時代的大趨勢。建設智慧城市需要一步一腳印，穩紮穩打，一方面要有堅實的技術作為基礎，另一方面，也要有良好的社會環境作為後盾。

chapter 4

智慧 + 生活服務：
讓複雜的生活變得更簡單

人工智慧是一種科學技術，是一種讓生活更美好的科學技術，它是一種讓複雜的生活更加簡約便捷的藝術。

人工智慧存在於我們生活的各個方面。我們不僅可以利用人工智慧技術進行智慧購物，還可以用人工智慧產品做各種家庭服務。我們可以與智慧型機器人進行高效的溝通，智慧型機器人還可以幫助我們破案。

在我們的社會生活中，人工智慧產品可以扮演各種角色，也可以擁有各種強大的功能。總之，人工智慧無處不在，人工智慧讓我們的生活更簡單。

智慧時代不再遙遠，越來越平民化

縱觀人工智慧 60 餘年的發展史，我們不難發現，人工智慧在逐漸平民化、商業化。

早期圖靈設計的簡單的智慧型電腦，只有高科技人員才能進行操作，而且處於科技的「象牙塔」中，普通人根本難以接觸。早期的電腦被應用於軍事研究領域，而且那時電腦的體積也比較大，普通人根本不知它為何物。如今，到了人工智慧時代，人工智慧產品的商業落地必然會使生活更加便捷。

4.1.1 刷臉支付，改變人類的支付方式

人類的消費史，也是人們支付方式、消費方式不斷創新演變的發展史。

遠古時期，我們的祖先不懂得消費，過著集體狩獵的生活。在那個茹毛飲血的年代，大家聚集在一起，過著「有福同享、有難同當」的原始「公有制」生活。

隨著生產力的發展，當私有制度出現後，家庭誕生，消費行為就誕生了。

最早的時候，人類的消費方式是原始的以物易物。例如，我拿一隻羊，可以兌換別人的 10 袋大米。只要雙方約定好，能夠互相滿足需求，那麼這樣的交易就成立了。

隨著社會的發展，人類逐漸使用貝殼、金子等作為商品交換的一般等價物。後來，金子和銀子就成了主要的支付貨幣。

近現代社會，由於交往的擴大，金子不方便攜帶，我們開始使用支票和紙幣。可是無論怎麼變，我們的支付方式都是透過「有形的物品」來進行的。無論是貝殼、金子，還是支票、紙幣，這些都是能夠看得見、摸得著的東西。

隨著信用卡的出現、行動支付的發明，支付方式也發生了重大的變化，由原來的有形貨幣支付轉變為無形貨幣支付。這對我們的支付方式就是一次有力的變革，使支付方式更加輕鬆、安全。

回顧支付方式的變化，我們會感嘆社會變革的力量及社會經濟發展的迅速，如圖 **4-1** 所示。

圖 4-1　支付方式的變革

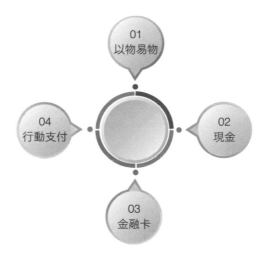

隨著網路技術的發展，我們進入了行動支付時代。行動支付是一種新興的支付方式，在社會上引起了廣泛的影響。

在人工智慧時代，隨著雲端運算技術的發展和視覺識別技術的發展，刷臉支付也逐漸成為現實。目前世界上比較著名的無人超市 Amazon Go 就是利用了刷臉支付的技術。

刷臉支付與目前的行動支付相比，更加智慧化、高效率。每次用支付寶支付時，我們還要拿出手機掃二維碼進行支付。如果網速慢，特別卡，還會影響支付效率。

但是刷臉支付就不一樣了。你只需要第一次把相關的程式都設定好，以後進入無人超市，就可以即買即走，走後自動扣款，省了時間，也提高了購物效率。

刷臉支付必將憑藉更高效、更便捷、更智慧化的特點逐漸成為支付方式的主流，也必將引起支付方式、消費方式及生活方式的巨大變革。

4.1.2 「奇怪酒店」迎來新的服務生

在人工智慧時代，隨時都會發生奇妙的事情。人工智慧的發展將會使我們的世界成為一個更加智慧、更加有趣的世界。

日本長崎縣的豪斯登堡有一家「奇怪酒店」，之所以叫「奇怪酒店」是因為這裡的服務員很奇怪。

日本的人工成本高，所以，企業競相透過使用機器人來替代人工勞動，從而節省人力成本。隨著人工智慧時代的到來及科技的進步，使機器人服務生變為現實。

「奇怪酒店」總是不按照常理出牌。酒店的機器人服務生是風格各異的，前台諮詢服務員就有三種不同的風格。

最左邊的機器人名叫 NAO，它主要負責訂餐的訊息；中間這位符合亞洲標準審美的女機器人名叫夢子，主要負責日語方面的諮詢服務；最右邊的恐龍機器人，目前還沒有一個確定的名字，我們就暫且稱為「恐龍先生」吧，它主要提供英語的諮詢服務，所以，這家「奇怪酒店」的外國旅客絡繹不絕。據說，「恐龍先生」之後還會提供韓語服務。雖然這些機器人服務生只有簡單的語言互動能力，但是基本上能夠滿足我們的需求。

「奇怪酒店」的服務生很多元，有主動為我們拿行李的機器人，有專門在房間內接待的機器人。在房間接待的機器人，個頭雖小，但是設計精巧，功能強大。它不僅能夠幫我們端茶倒水，還能夠操控空調，自動調節室內的溫度。另外，當我們休息的時候，它也會哼唱一些安眠的小調。

由於「奇怪酒店」的機器人服務生種類眾多，功能多元化，所以入住的旅客特別多。同時，由於有個性化的服務，這個酒店收取的費用也比其他酒店高很多。

機器人服務生曾經是科幻小說的內容，如今，伴隨著人工智慧的發展，它逐漸進入了我們的生活領域。相信隨著技術的進步，機器人服務生會有更加強大的語言互動能力及動手實踐能力，能夠為我們提供更加完善的服務。

4.1.3 機器變偵探，幫助警察破案

在人工智慧時代，機器智慧將無處不在。機器智慧不僅能夠幫助我們進行日常事務的打理，節省人力，方便我們的生活，還能夠從事高智慧的活動，例如，機器人刑警。

機器人刑警曾經在美國的科幻警探劇中出現過，電視劇的名字叫作《機器之心》（Almost Human），這是一部科幻警匪電視劇。故事的主人公不僅有人類，還有智慧型機器人。正如電視劇海報封面所描述的那樣「Some cops are born. Others are made.」（一些警察是人類，而另一些是智慧型機器人。）

《機器之心》的時代背景設定在 2048 年，那時，人類研發的智慧型機器人已經具備人的體型特徵。如果你不仔細看，根本就看不出哪一個是機器人，哪一個是人類。總之，那時的智慧型機器人足以以假亂真。

在這部電視劇中，所有的警察都有一名智慧型機器人搭檔。他們調查的案件既包括與人類相關的，也涉及與機器人相關的。大多數情況下，他們調查的案件都是人機共同犯案的案件。

在故事中，男主角剛開始十分討厭他的智慧型機器人搭檔，但是在多種場合下，他的智慧型機器人搭檔都會有比較清晰的思維和冷靜的態度，幫助他進行破案。隨著共患難次數的增多，他們之間也建立起了深厚的友情。

如果在 30 年前，我們絕對會認為這只是科幻片，絕對不可能發生在現實生活中。但是現在，智慧型機器人將不再是夢。

雖然目前智慧型機器人還不具備人的整體外在特徵，在心智方面也比人類要低許多，但是它在語音識別、語義理解，以及視覺識別領域已有不錯的進展。配合大數據及雲端運算能力，它基本上能夠輔助警察進行破案。

北京神州泰岳軟體股份有限公司一直秉承「科技運營管理」的理念，也一直希望科學技術能夠更好地為人類服務。

早前，該公司與北京市公安局刑事偵查總隊合作，聯合推出了一套名為「智腦」的公安案情分析系統（簡稱為「智腦」）。「智腦」能夠充分利用人工智慧領域的自然語言和語義分析技術，對各種刑事案件、詐騙案件、偷盜案件的基本特徵進行有效提取。利用大數據資源，配合雲端運算的技術，它能夠對一些案件的文件或資料進行自動分析，並提出相關線索，這樣就能夠有效地為情報部門和偵查部門服務。最終有效降低警局的人力成本，提升破案的效率。

另外，目前採用人臉識別技術的高智慧型機器人也在逐步試點，在試點過程中，它成功協助警方抓捕多名逃犯。

隨著人工智慧技術的不斷成熟，我們相信，未來的智慧型機器人將會在案件審查、精準分析、提升破案效率等方面發揮更好的作用。未來，在智慧型機器人的幫助下，我們的質檢安全、人身安全、財產安全將會得到更好的保障。

4.1.4 拆彈機器人：精準地挽救人類生命

一些工作很危險，例如，軍事拆彈工作。

我們總是驚嘆於《拆彈專家》中拆彈人員精湛的技術，處理極端事情十分冷靜，總是能化險為夷，可是這種情況真的如此嗎？

其實，拆彈是最危險的行業之一，即使是真正的拆彈專家，遇到棘手的問題或稍有疏忽，就會發生意外，甚至失去自己寶貴的生命。

於是，人類開始思考，能不能讓機器人替代我們進行拆彈。在面對這份工作的時候，即使是拆彈專家，在遇到棘手的問題時，也難免會緊張。然而走在布滿炸彈的路途中，機器人總能夠面不改色，能夠從容不迫地冷靜面對，與人類相比，這是一種很大的優勢。

但是，坦白地講，拆彈機器人並不能算是真正意義上的智慧型機器人，拆彈機器人只能算是一種由人類遠端操控的機器人。人們透過為其輸入相關程式，讓它進行智慧化操作。另外，它的整體形態類似於一輛小型汽車。雖然也有機械手臂和類人化的「萌萌的腦袋」，但從整體來看，它只能算是一種半智慧型機器人。

拆彈機器人的研發已有較長的歷史，從其誕生到如今的迅速發展，至少有40年的時間。

拆彈機器人的發展過程是有趣的，其成果也十分輝煌。

1972年，英國陸軍中校皮特・米勒設計了一款名為Wheel Barrow Mark1的拆彈機器人，它能夠利用電動獨輪車的底盤來移動任何可疑的爆炸物，將炸彈移到安全地點進行引爆。經過這樣的研發、改進，拆彈機器人的使用效率及安全性就大大提升了。

隨著人工智慧技術的發展，如今，拆彈機器人已經不再是孤軍奮戰。為了使拆彈機器人的工作效率更高，我們為其研發、配備了許多功能特定相

關的機器人。讓它們組成一支強大的團隊，透過強力合作集體完成拆彈任務。

例如，我們可以讓一個拆彈機器人負責搜尋爆炸物，讓另一個拆彈機器人將搜尋到的爆炸物進行搬運及爆破。透過這樣「術業有專攻」的形式，拆彈機器人的工作效率也會越來越高。

我們相信，隨著人工智慧技術的進一步發展，拆彈機器人的能力也會更強，它將會挽救更多人的生命，也將使人類的生活更安全。

▎4.1.5 家用無人機，代替你跑腿

無人機是無人駕駛且能夠重複使用的飛行器的簡稱。1917 年，歷史上第一架無人機誕生，它主要進行軍事物資的傳送，軍事基地的勘探，或者從事其他軍事用途。

戰爭結束後，科技迅速發展，在 1990 年代，無人機逐漸向民用領域過渡，並且逐漸進行商業落地。

無人機具有機動靈活的優勢，與航空運輸相比價格又相對低廉，同時執行週期短，受天氣狀況的影響較小，所以，能夠被廣泛應用於各類行業，而且進行商業落地的速度很快。

但是我們不得不承認，在過去的二、三十年裡，無人機的發展速度仍然較慢，主要原因是人工智慧控制技術落後。

在人工智慧時代，隨著電腦語音互動技術的提升、語義理解能力的提升，以及視覺識別技術的突破，無人機的發展也必然會越來越快。此時，以各種神經網路演算法為代表的深度學習技術也日益發展，在各領域有了初步的應用。

綜合以上兩種因素，無人機的發展將會進入一個全新的階段。在這個全新的階段，無人機的產業化規模將會越來越大，而且全域化的應用也將越來越廣闊。

無人機的發展不僅體現在技術的先進性上，還體現在它對人類生活的改變上。在不久的將來，隨著無人機的規模化生產與商業落地，我們的生活方式也必將受到影響，生活品質也將會提升。

無人機將會從三個方面影響我們的生活。

第一，無人機將成為我們健身運動的忠實伙伴。

目前，我們外出運動時，一般都會選用一款合適的智慧運動手環。因為智慧運動手環能夠科學地記錄我們的跑步里程、走路步數及運動時長。根據這些訊息，我們能夠進一步合理地安排運動，使我們的身體更加健康。

可是智慧運動手環有一個明顯的缺陷，它不能與我們進行親切的互動，只會默默記錄運動資料。

隨著人工智慧技術的發展，小型的智慧無人機就可以自由地與我們進行語音互動。小型的智慧無人機的樣子類似於燕子，它會在我們的頭頂盤旋，也會立在我們的肩膀上。它能夠隨時記錄我們的運動訊息且與我們溝通。它會像燕子那樣鳴叫，也會像人一樣唱歌。在我們進行登山運動時，它可以先勘測路面，檢查是否存在安全隱患，然後及時告訴我們。總之，它能夠及時幫助我們解決實際問題。另外，有這樣一台像寵物一樣的無人機的陪伴，我們的運動也一定會更加安全、健康、有趣。

第二，無人機將搖身一變，成為高效率的快遞員。

雖然物流業發展的速度越來越快，例如，順豐快遞，它利用航空運輸的方式進行快遞輸送，可是航空運輸的運送成本很高。另外，高鐵航運的運送成本也很高。

隨著技術的發展，越來越多的公司開始選擇利用無人機送快遞。2013 年，亞馬遜就開始用無人機送快遞了，隨後 UPS 快遞公司等也開始開發這項技術。順豐快遞、京東商城及天貓商城也在逐步測試、落實智慧無人機快遞業務。

雖然目前這項業務還沒有充分發展起來，但是我們相信，隨著人工智慧技術的進一步發展，智慧無人機快遞必然會成為熱門的行業。到那時，即使到了「雙 11」，快遞人員也不用再累死累活地進行快遞的分發了。那時，當我們仰望城市的上空時，會發現眾多智慧無人機有條不紊地進行快遞的運輸。那時，智慧無人機就像會飛行的快遞小哥，為我們提供更高效的快遞服務。

第三，智慧無人機將會飛進千家萬戶，為我們提供個性化服務。

現在，市場上已經出現了很多家用型無人機。不難想像，隨著人工智慧技術的發展，家用型無人機也將越來越智慧化，將為普通家庭提供更加便捷、個性化的服務。

那時，家用型無人機會更加美麗。它的外觀設計既充滿科技感，又有生命感，彷彿美麗的精靈。

例如，在一個炎熱的夜晚，你一個人在陽台踱步，希望能吹來一絲涼風。可是，令你悲哀的是依舊無風。此時，智慧的家用型無人機會感知你的憂慮，它會主動飛到你的頭頂，打開吹風系統，為你帶來一絲涼意。或者，它會直接飛到你的身邊，和你進行對話，詢問你的需求。當知道你很渴時，它會主動飛到一家無人超市，為你帶來你最喜歡的飲品。

另外，當你有東西需要外出去拿的時候，你只要告訴你的無人機，它就會代你跑腿，節省你的時間。

總之，家用型無人機會根據我們的手勢、肢體語言的變化來判斷我們的心情。然後透過語言與我們進行交流，並用最快的速度幫我們解決難題，提

供智慧化、個性化的服務。也許你會認為，這一切只能發生在科幻電影中，但是隨著技術的不斷進步，不久的將來，這就有可能成為現實。

4.1.6 無人駕駛汽車將會走上大街小巷

步入人工智慧時代，科學技術的發展也會更加迅速，科技成果的出現也會讓人們有耳目一新的感覺。在人工智慧時代，無人駕駛汽車隨處可見，甚至智慧型機器人在街頭漫步也將是平常的事情。這些本應出現在科幻電影中的場景將會成為我們生活的常態。

無人駕駛汽車的研發有將近 60 年的歷史。隨著人工智慧技術的發展，無人駕駛技術在最近幾年更是取得了長足的發展。Google Brain 團隊、特斯拉（Tesla）、nVidia 公司等國際大公司都對無人駕駛技術有著濃烈的興趣，也希望在未來的無人駕駛領域分一杯羹。

2010 年前後，nVidia 公司就開始深入研究神經網路演算法和深度學習演算法了，而且對人工智慧的其他方面也做了大量的研究。

幾年後，nVidia 公司的 CEO 黃仁勳在電話會議上明確表示：「無人駕駛汽車即將於三年內被允許在馬路和高速公路上駕駛。2019 年，機器人計程車會出現在大眾視野中。2020 年至 2021 年年底，第一代等級為四的無人駕駛汽車將會上市。」

作為人工智慧領域的領跑者，類似於 nVidia 的一些大公司也都對未來的無人駕駛技術保持高度的熱情，並充滿信心。

無人駕駛的美好時代即將到來，科技的進步會使我們的生活更美好！

應用落地領域：智慧家居

Section 4-2

所謂智慧家居，就是利用物聯網、智慧感測、機器學習等技術，進一步提升家用電器、網路裝置及房間內整體裝飾的智慧水平。智慧家居的最終目的就是提高產品的實用性、智慧性及安全性，為我們提供更好的服務。

在科技的推動下，在商界大咖、科技大廠的關注下，智慧家居市場將會得到很好的開發。在可以預見的未來，在智慧家居領域，人工智慧的進步有望推動智慧家居進一步發展，讓更多人體驗到智慧家居人性化、便捷化的服務。

4.2.1 入口：語音主動互動

十年前，智慧家居還不出名，許多人都認為智慧家居是科幻作品中的奇妙想像。如今，人們對智慧家居的了解越來越多。對於物聯網技術、大數據技術、雲端運算演算法等新鮮詞彙，我們也耳熟能詳。

近年來，隨著演算法技術的發展，人機之間的基本語音互動已經不再是難題。在人工智慧技術迅速發展的今天，亞馬遜的 Echo 音箱、Google 的 Home、Apple 的 Homepod，也已經成了真正的熱門商品。這些智慧音箱的存在也已經成為智慧家居不可或缺的一部分。

2019 年，智慧家居產品的銷售量繼續保持高速成長，它們逐漸走入尋常百姓家。在智慧家居產品「落戶」的過程中，越來越多的居民開始愛上這一人性化、智慧化的產品，它的產業價值被進一步釋放。未來，智慧家居產品將會有更加廣闊的消費市場。

從本質上來講，智慧家居的突破口，就在於語音互動技術的發展與應用。
圖 4-2 為我們展示的就是基於語音互動的智慧家居模型。

圖 4-2 基於語音互動的智慧家居模型

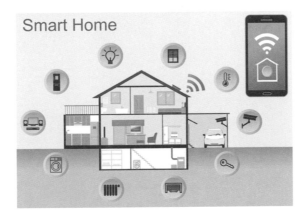

如果沒有語音互動的進步，那麼智慧家居就不會如此火熱。以前也有智慧家居產品，例如，我們可以用智慧型手機控制電視、控制電腦。但是這樣的智慧產品還是基於「觸控螢幕」的一種互動，只有有知識、會操作的人才懂得如何運用，這樣的智慧產品是難以普及的。

語音互動技術產生後，任何人都可以透過語音來操控家裡的家居產品，完全不需要有多高的操作能力。只要你會說話，你就能操控房間裡的一切。

例如，我們可以對智慧音箱講：「把電燈打開」，它就能迅速打開電燈；當我們對它說：「打開空調，訂一份外賣」，它也能夠智慧地完成；當我們對它說：「拉開窗簾使屋內的光亮達到最適宜的效果」，它也能夠合理地分析，然後做出令我們滿意的調整。

但是，我們不得不承認，如今智慧音箱的語音互動能力還是有限。另外，如果我們對它講一句方言或俗語，也許它就聽不懂了。

我們也無須太過擔憂，隨著人工智慧技術的不斷發展，科學生態體系的不斷完善，真正的全智慧家居產品一定會出現在我們的視野中，為我們的生活服務。

目前語音互動技術的發展，已經為智慧家居的發展打開了一個視窗。在未來，人工智慧的進步將會為智慧家居的發展注入更多的活力。在未來，語音互動技術及人臉識別技術將會進一步完善，會逐漸被應用於智慧家居產品中。同時，更多的消費者將會慕人工智慧之名前來體驗智慧家居產品，這樣，智慧家居就會有更好的發展前景。

▌ 4.2.2 回饋方式：全息投影

普通人也許根本不知道全息投影為何物，只知道它是很有科技感的一門技術；對於專門研究它的科學家而言，全息投影是一種神奇的技術，它能夠將現實與夢幻完滿地結合，達到以假亂真的效果；對科技大廠而言，全息投影絕對擁有令人震撼的應用前景，隱藏著前所未有的商機。

那麼，全息投影到底是什麼呢？

全息投影技術是利用光的繞射原理來記錄、再現物體本原狀態的一種 3D 圖像展示技術。從本質效果來講，全息投影技術能夠在空氣中或者特殊材質的三維鏡片上完美地呈現出 3D 影像效果。所以，全息投影技術也被稱為虛擬成像技術。

與目前透過大螢幕展示的 3D 效果相比，全息投影技術是一種真正的 3D 效果影像。螢幕 3D 整體上是透過增加光線的陰影效果來達到立體的展示效果的，這種展示效果與 360 度無死角的觀看效果相比還有很大的差距。

然而全息投影卻有更加真實的、令人震撼的效果。因為在全息投影所展示的圖像世界中，我們不僅能夠看到在空氣中呈現的立體幻象，還能夠與立體幻象進行互動。既能增加娛樂性，也能開闊我們的眼界。

在歷史上，最著名的全息投影偶像非初音未來莫屬。

2010 年，動漫偶像初音未來第一次利用全息投影技術公開亮相。雖然在當時全息投影技術的展示效果還不完美，但是初音未來由平面升級為立體，還是讓現場的觀眾驚嘆不已。在現場表演中，初音未來彷彿是空氣中的仙子，透過各種光的聚合，在舞台中央展示出了一個可愛的形象。她不僅能夠一展優美的歌喉，還會與現場觀眾互動，在當時引起轟動。

全息投影技術的發展同樣有較為長遠的歷史。

在 1940 年代，英國物理學家丹尼斯・蓋伯首次提出全息投影的概念。在 1960 年代後，雷射研製成功，自此憑藉雷射技術，全息投影技術也步入了一個全新的階段。隨著技術的不斷升級，深入發展，科學家也相繼研發出透射式全像、彩虹式全像及數位全像技術。

現在，全息投影技術的發展已經逐漸成熟。同時，在醫學、娛樂、藝術館藏等領域，全息投影技術也有著不錯的表現。

例如，我們在歷史博物館中，可以充分利用全息投影技術，向參觀者展示悠久的歷史文物。這樣，一方面，歷史博物館能夠更加立體化地展示文物，使文物的展現有一種科技感；另一方面，我們也能夠充分保護古老的文物，使它們不至於被毀壞。

全息投影技術不僅可以在一些公開的場合中得到應用，還可以在私生活中得到應用。在智慧家居領域，全息投影技術必然會有更完美的表現。

例如，在不久的將來，追劇根本就不需要借助電視機、電腦、平板或智慧手機的螢幕，只要透過智慧家居的全套服務就能輕鬆達到目的。首先，透過智慧音箱，讓它把室內的光線調暗。其次，讓它控制全息投影裝置，投放我們想要觀看的影視資源。最後，在室內，那些精彩的畫面就能夠立體化地展現在我們面前。此時，我們就能夠 360 度無死角地觀看，有一種沉浸式的觀看體驗效果，這樣的效果比去電影院看 3D 影片還要好。

無論如何，從事任何商業活動都是需要群眾基礎及市場前景的。全息投影技術有更為科技化、智慧化的效果，在家庭觀影方面使用戶體驗良好，在將來必定能夠最大限度地引起使用者的注意，促使用戶消費。

在人工智慧時代，全息投影技術有更加強大的技術支撐，必將能夠滿足現代人更高端的需求。在智慧家居方面，全息投影技術憑藉其絢麗的展示效果，也必將產生非凡的效果。當然，科技的發展永不止步，在未來，除了全息投影技術，在智慧家居方面我們還會設計出更加完美的展現效果，讓豐富多元的空間設計給我們的生活帶來更好的體驗。

▌4.2.3 功能輔助：人臉識別

在人工智慧領域，最紅的莫過於人臉識別技術。人臉識別技術作為人工智慧時代的技術「先鋒軍」，在終端產品的研發與商業落地上被許多商業大咖看好。人臉識別技術在智慧家居中也占有重要的地位，是智慧家居商業落地的一個重要方向。

隨著人工智慧技術的不斷發展，人臉識別技術也加速落地。從整體來看，人臉識別技術已經在生活中被廣泛應用。

無人商店的人臉識別技術使我們能夠「刷臉支付」，輕鬆購物；蘋果公司也新研發出了「刷臉」解鎖的功能，這比指紋解鎖功能更酷炫；在工作領域，刷臉打卡簽到也成為一件很正常的事情；在智慧家居方面，智慧門鎖也採用了人臉識別技術，房門以後也能輕輕鬆鬆地認出誰是主人，我們再也不用擔心外出忘記帶鑰匙，陷入窘境了。總之，在人工智慧時代，我們不知不覺就進入了「刷臉」的智慧時代。

那麼，什麼是人臉識別技術呢？

人臉識別技術是一種生物識別技術，它能夠利用大數據，識別我們的臉部特徵，透過多次採集臉部樣本，最終識別人的臉部特徵。在採集人的臉部

特徵時有四個步驟，分別是臉部特徵檢測、臉部圖像預處理、臉部特徵的提取和最終的臉部匹配識別。

在許多商界人士眼裡，加速進行人臉識別技術的商業落地能夠搶占市場先機。他們認為，如果要對人工智慧有一個全面的布局，就必須從人臉識別技術做起。

不可否認，每一項新技術或發明的出現，都必須得到時間的檢驗及市場的檢驗，人臉識別技術的發展同樣如此。幾年前，人臉識別技術處於醞釀期，它的發展不溫不火。如今，隨著人工智慧技術的發展，人臉識別技術被廣泛應用，深受廣大消費者的喜愛。

在智慧家居領域，最熱門的基於人臉識別技術的產品就是智慧門鎖。如今，依靠人臉識別技術的智慧門鎖，由於具有科技含量高、智慧化、方便等特點，深受人們的喜愛。現在智慧門鎖也正以蓬勃的姿態向智慧家居領域進軍。相信，在不久的未來，智慧門鎖也必將取代傳統機械門鎖，走在時代的前沿，引領智慧家居的科技潮流。

當然，基於人臉識別技術的智慧門鎖在當下仍然存在一些缺陷。例如，刷臉失敗或者誤刷等。但是我們不該因為這些缺陷而停止研發，畢竟只要深入研究，必然能夠找到解決問題的方法。我們應該繼續保持持續創新的激情與熱度，以匠人精神深入打磨智慧門鎖，做好安全防護工作，使人們的生活因科技而更安全。

綜上所述，在未來，智慧家居必然會有更好的前途，只要進行科學的研究，讓智慧家居產品能夠提供人們更好的服務，形成一個科學、安全、高品質的生態，就能讓人們的生活更舒適。雖然智慧家居市場的未來充滿無限的可能性，但是盲目的進行商業落地是不可取的，我們要進一步細分智慧家居的落地場景，結合自己的產品研發優勢，更好地進行商業落地。

▌4.2.4 替代模式：機器學習與操控

人工智慧大師西蒙曾說過：「學習就是系統在不斷重複的工作中對本身能力的增強或改進，使系統在下一次執行同樣的任務或類似的任務時，比現在做得更好或效率更高。」

在人工智慧時代，我們要使機器能夠進行深度學習，不斷提高本身的能力，替代人類的部分工作，從而更好地為我們的工作和生活服務。當然，機器替代的部分工作是一些重體力的工作，或者是一些簡單但瑣碎的工作。人類則從那些不需要太多智力的工作中解放出來，從事更富有創造力的工作。

總而言之，在人工智慧時代，人工智慧技術的發展是社會發展的主要動力。在這一動力系統中，機器學習，特別是深度學習演算法才是人工智慧發展的核心。

深度學習的核心就是讓機器學會主動學習，讓機器學會根據人們的生活習慣自動完成工作。

在智慧家居領域，我們以智慧門鎖為例來說明它是如何進行深度學習的。

從理論上來講，智慧門鎖能夠實現使用者、電腦及演算法系統之間的無縫連接。這樣，能夠使門鎖具有一些基本的知識儲備及判斷能力。在此基礎上，它能夠透過自主學習提高自己的智力，從而為我們提供更加智慧化的服務。

另外，透過大數據的使用和雲端運算演算法的提升，智慧門鎖可以對我們的開鎖習慣及具體使用習慣進行綜合分析和系統學習。然後它將這些資料訊息轉化為獨有的機器思維方式，進行更加科學的思考，最終能夠為我們提供更為人性化的服務。

如果我們從更生活化的角度來解釋，那麼大家就會對智慧門鎖的主動學習及自我操控能力有一個更好的理解。

智慧門鎖其實像一個忠實的朋友和觀察人員。它能夠清楚地記錄我們出門和回家的時間，它能夠認識每一個家庭成員，它能夠根據家人的使用習慣來提供個性化的服務。當我們該到家卻沒有到家時，智慧門鎖就會主動打電話給我們，詢問我們的安全情況；如果身為一家之主的你外出工作了，你的妻子或其他人也都出去工作了，只有小朋友獨自在家，而他又是比較調皮的，總是爬陽台，在窗戶邊玩鬧，智慧門鎖的視覺監控系統就會格外關注孩子的狀況。稍有差池，它就會即時報警或打電話給你，杜絕危險事件的發生。

綜上所述，在智慧家居領域，智慧產品將會有更強大的學習能力與操控能力，能夠更好地為我們的生活服務。

▌4.2.5 服務支撐：強大的內容體系

如果沒有強大的產品服務能力，沒有強大的內容做支撐，智慧家居就不可能有更好的發展。

真正的人工智慧時代是一萬物互聯的時代。也就是說，不需要任何中間媒介，我們就能夠和所有事物進行溝通。例如，我們可以直接與窗簾對話，讓窗簾聽從我們的指揮，使我們能夠在房間裡更加舒適地生活。

這彷彿是給我們的智慧家居產品裝上了一個更加理性的人工大腦。此時整個房間就相當於人類，它能夠完全理解我們的話語，它能夠根據我們的語言進行全方位的智慧操作。

當我們結束了一天的工作後，疲憊地回到家中，它會主動為我們打開房門，幫我們拿出在家穿的休閒服裝，為我們準備好飯菜。晚上，它會主動為我們提供熱水，供我們洗澡。總之，一切都交給智慧家居操縱，我們無須做任何事，享受生活即可。

也許你會覺得不可思議，覺得這樣的生活離我們還很遙遠，其實不然。隨著人工智慧技術的進一步發展完善，我們所描述的智慧生活將會逐步來臨。那時，智慧家居系統將會擁有更高的自主學習能力以及超強的自感知能力。

接下來，我們就以歐瑞博（ORVIBO）為例來具體說明智慧家居的發展現狀，以及證明強大的內容體系、超強的服務支撐對於智慧家居發展的重要性。

深圳歐瑞博科技有限公司是一家年輕的公司，卻是一個非常有活力的創新型公司。他們始終秉承「夠用的設計，自然的智慧」這個理念，努力突破發展的技術瓶頸。

在智慧家居領域，他們已經樹立了產業的技術標準、審美標準及服務標準。他們不斷追求更高品質的智慧家居產品，為我們的生活提供更加智慧化的場景與內容。

無論從事何種行業，只要秉承誠信服務的理念，始終用新穎的產品滿足客戶的新需求，產品就不會落伍，智慧家居領域的產品也必然符合這樣的規律。

綜上所述，智慧家居的發展道路還很漫長。在這個漫長的過程中，我們的目的就是把智慧家居打造成一個超級大腦。讓它成為我們的眼睛、鼻子和耳朵，甚至成為我們的心靈溝通員，這樣，智慧家居才會更智慧。但是，成功不是一蹴而就的，我們還需要進一步提高服務水平，為客戶提供最完美的智慧家居產品。

chapter 5

智慧 + 娛樂：
開啟未來新體驗

在人工智慧時代，人工智慧不僅可以應用於工具，還可以應用於娛樂。

所謂人工智慧的工具化，就是利用人工智慧技術賦予產品技能，最終提高人們的工作效率；所謂人工智慧的娛樂化，就其意義而言，最終是要為我們創造更多的生活樂趣，提高幸福指數。

人工智慧娛樂化的最佳體驗就是讓人們參與人工智慧產品的成長與學習，讓人們在這個過程中體會到培養人工智慧產品的幸福感。

在娛樂生活中添加一些人工智慧元素，將會有一種全新的生活體驗。我們可以體驗到人工智慧科技的炫酷，也可以體驗到人工智慧科技的「溫度」。

智慧＋泛娛樂，
引領新機遇

在人工智慧時代，人工智慧產品如果能夠和泛娛樂化相結合，必定會成為時代的新寵。目前，「智慧＋泛娛樂」的產品僅僅局限於感知能力的提升。例如，智慧音箱的發展只限於用語音和人們進行溝通，而且它只能根據人們的相關指令進行智慧操作，不能自主進行決策。所以，人工智慧仍停留在工具應用階段，不能為人們的娛樂活動提供更多幫助。

如果想要突破這一局限，使人工智慧產品在推理、決策層面有更大的進步，讓它豐富我們的娛樂生活，這就需要更全面的大數據訊息作為其雲端運算的基礎。它的雲端運算能力越強，它的智慧水準也就越高，它就能夠逐步跨過感知能力的層面，進入一個新的決策階段。

5.1.1 人工智慧布局內容，讓創作自動化

在這個泛娛樂化的時代，隨著人工智慧技術的進一步升級，人工智慧將不再是生產工具，而會成為創作工具。人工智慧不僅會在智慧音箱、無人駕駛、智慧醫療等領域為我們的生活、工作服務，還會在藝術領域及創意領域給我們帶來驚喜。

隨著人工智慧的快速發展，寫作領域和音樂領域也逐漸被人工智慧「攻克」。

在機器人寫作領域，有一件值得我們關注與深思的事情。日本的一所大學——公立函館未來大學用人工智慧創作出一部名為《機器人寫小說的那一天》的短篇科幻小說。

這部人工智慧創作型小說的幕後推手是一個名為「我是作家」的人工智慧團隊。這部人工智慧小說也已經透過了日本科幻文學獎「星新一獎」的初步審核。評委們也一致認為，小說在情節設計上沒有太大的缺陷。

雖然「我是作家」團隊曾事先設定好主要人物、情節大綱等零件內容，之後再由人工智慧型機器進行自主創造。從整體來看，它能夠進行自主創作，而且內容有理有據，就已經是一種很大的進步了。

英國科技公司 AI Music 的執行長馬哈・戴維（Siavash Mahdavi）曾經說：「隨著人工智慧的發展，機器和自動化正在逐步顛覆人類自認為不會被其他事物取代的觀念，而我們始終把創造力視為人類與機器最大的不同之處。」

如今，智慧型機器做的事情越來越多，在音樂創作領域，它更是有令人驚訝的效果。大數據和雲端運算總是能夠顛覆人們以往的觀念。如今，對人工智慧型機器而言，創作一首歌曲簡直易如反掌。同時，人工智慧創作的歌曲將會進一步與人類創作的歌曲相交融，為我們帶來全新的聽覺體驗和非凡的娛樂效果。

那麼，在具體操作層面，人工智慧是如何快速創作歌曲的呢？

Jukedeck 公司於 2012 年成立，是一家位於英國的人工智慧音樂製作公司。如果你想要製作一首人工智慧歌曲，只需登入他們公司的官網，輸入想要創作的歌曲風格的特徵、節奏的快慢、音調的起伏變化、樂器的類型、歌曲的長度等基本訊息後，就可以自動譜寫出一首優美的歌曲，而且用時還比較短，遠比人類作曲者快上許多。

對於人工智慧創作音樂的技術問題，Jukedeck 的執行長 Ed Newton-Rex 曾經說：「幾年前，人工智慧還沒有到達可以為人寫出足夠好的音樂的階段，但是現在技術已經非常成熟了。」

人工智慧音樂自誕生之日起，就引發了無數的爭論。相比於人工智慧創作音樂的技術問題，許多人擔心人工智慧創作音樂會帶來危機。因為自古以來，音樂就是一個主觀性強，且需要無限靈感與智慧的領域。而人工智慧如果逐步替代人類創作音樂，成為時代的主流，那麼人類的創造力又該如何談起？同時，對於人類音樂創作來說，人工智慧創作音樂的意義又在哪裡？人工智慧音樂能否給人類帶來真正的藝術享受？

當人工智慧音樂面臨種種質疑的時候，音樂界的顧問馬克・馬雷根曾經說：「只要這個音樂作品能夠找到平衡點，就會有足夠的和弦配合，間雜適當的創新和休止符，那就足夠好了。」

所以，我們對於人工智慧創作音樂，也應該持一種寬容的態度。雖然人工智慧音樂是在大數據及雲端運算的基礎上由智慧型機器自主創作的音樂，但還是離不開人類賦予它的一些基礎音樂知識。所以，人類的創造力不會消失，人工智慧音樂反而是人類創造力的另一種昇華。

同時，人工智慧也能創作出人類無法創作出來的音樂。人工智慧音樂的譜寫對於優秀的譜曲家來說更是一種啟發。在未來，人工智慧勢必會和人類一起譜寫出更加優美的曲調，讓我們的耳朵享受到更美的音樂。

總之，人工智慧技術具有快速反應、整合資源效率高等優點。基於這些優點，我們在內容創作方面進行人工智慧的布局，必然會促進文娛產業的發展，讓我們的文娛生活更豐富。

▋5.1.2 布局使用者，讓機器理解使用者

滿足使用者的需求是智慧型機器發展的基本要求；讓智慧型機器理解使用者才是人工智慧發展的最終目的。

我們不可否認，無論是何種工具，在設計之初都是為了滿足人類的需求。例如，漁網的設計是為了滿足人們捕魚的需求；蒸汽機的發明是為了提高

人們的工作效率，並且把人類從重體力勞動中解放出來；汽車、飛機等交通工具的發明是為了滿足人們更高的出行效率的需求。

雖然在機器的發明過程中，我們的工作效率提高了，生活也更加便捷高效了。但是不難發現，機器只能滿足我們的基本需求，而不能主動理解我們的需求。這一弊端，給我們帶來了諸多不便。

例如，我們是在自然語言的環境中逐漸成長的，對於周圍的一切，我們也習慣用母語進行溝通交流。然而，在 PC 時代及網路時代的早期，我們只能透過鍵盤、滑鼠來搜尋相應的知識。雖然這比直接向相關專家詢問要快捷許多，但是我們被困於電腦前。我們不能進行更多的語言交流，只能適應電腦的特性，長此以往，我們與人交往的能力就會受到限制，我們的語言表達能力會變差，這不利於人的全面發展。因此，如果工具僅僅滿足了人們的基本需求，而不能與人們進行更好的互動，不能理解人們的需求，那麼在我看來，這將是技術最大的悲哀。

在行動網路時代，在人工智慧發展的初期，讓機器理解人的自然話語，讓機器能夠與人進行基本的對話，則是技術發展史上的一個重要轉折點。此時，機器才由滿足使用者的需求向理解使用者的需求平穩過渡。目前，眾多的裝置都包含語音互動能力。例如，蘋果公司的 Siri、Amazon 的 Echo 等。

讓機器理解自然語言，最基本的要求是它要能夠聽清而且能夠聽懂我們的語言，這就需要有強大的語音識別能力和語義解析能力。

在人工智慧發展的初期，智慧型機器人的發展也還處於初級階段，它的功能只限於聽懂我們的話語，執行我們的指令。這離理想狀態還有很大的差距。

在理想狀態下，能夠理解我們需求的智慧型機器人應該包含三個基本特徵（見圖 5-1）。

圖 5-1 機器理解使用者需求的三個基本特徵

1. 機器具有超強的自主學習能力

2. 機器具有強大的資源整合能力

3. 機器能夠進行聯想，具有決策力

在目前階段，智慧型機器人基本具備了自主學習能力及資源整合能力。雖然與最終更為智慧的效果相比還存在一定的差距，但是在演算法的能力上及大數據的技術上，它有較大的進步空間。未來，智慧型機器人這兩方面的能力還會有較大的突破。

現在，科學家正著力研發一項名為「情感機器人」的技術。目前，在這一技術的支撐下，擁有「情感」的機器人初步具備了五項更為強大的智慧。

第一，情感機器人擁有基本的理解能力，可以透過文字訊息、圖片訊息、語言訊息精準地對人們的情感進行捕捉。

第二，情感機器人也能像人類一樣，擁有更為長期的記憶，能夠透過自然的對話，理解我們更多的真實意圖和真實需求。

第三，更加智慧的是，這些情感機器人可以根據我們情緒的波動變化，來調整自己的對話策略，產生更加有趣的人機互動效果。

第四，在自然對話中，情感機器人能夠幫助我們處理一些複雜的問題，並提出一些合理的建議。

第五，情感機器人能夠對使用者的喜好進行特別的記憶。這樣，它便能夠為我們提供更為個性化的服務。目前，人工智慧產品大都缺少情感，記憶力只停留在單句的指令層面，只會做出機械的回答。

核心技術的高速發展會讓智慧型機器人的發展更為迅速，更為成熟。在人工智慧時代，透過機器學習能力的提升和雲端運算技術的深入發展，未來，我們必定會研發出功能更全面的智慧型機器人。那時，智慧型機器人將更加能夠理解我們的需求，而非只是滿足我們的需求。那時，它將會具備更出色的靈活性及更強大的適應性。

▌5.1.3 布局運營，讓商業智慧化

在人工智慧時代，要做到商業智慧化就需要充分利用大數據資源及深度利用雲端運算技術，同時結合人類特有的洞察能力進行產品設計，尋找產品的升級疊代方向。只有這樣布局運營，我們的商業運轉才會跟上時代的潮流，才會獲得利潤。

在傳統時代，做生意大都是「什麼好賣就賣什麼」、「什麼賺錢賣什麼」（非法商品除外）。或者說，我們的商業運作遵循的大都是商業經營中的「二八法則」。

商人只賣 20% 絕對能夠賺錢的產品，對於 80% 暫時不確定利潤的產品，則會選擇不聞不問。在這樣的狀況下，即使人們有相關的商品需求，市場上卻並沒有滿足他們需求的相關商品。這對商人來說無疑是錯失商機。另外，過度地在市場上投放 20% 絕對能賺錢的產品，也會導致市場的過度飽和。同時，沒有差異的競爭，必將導致低價競爭，最終產品的銷售效果也不會很好，也會導致資源的浪費。

在人工智慧時代，大數據資源越來越豐富，雲演算法技術越來越強，電腦的智慧水準也越來越高。在這種情況下，智慧電腦就能夠根據大數據訊息做到精準行銷。此時，商業運營理念也將會取得進一步的進展，我們會更加遵循長尾理論，如圖 5-2 所示。

圖 5-2 長尾理論模型

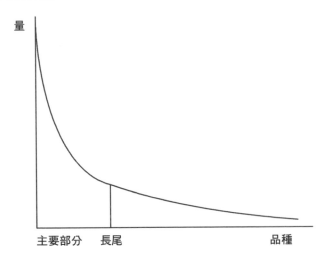

長尾理論於 2006 年誕生，最早是由美國《連線》雜誌主編克里斯・安德森提出的。他認為，隨著社會經濟的發展和網路技術的提升，原來市場上的一些小眾產品的關注成本也在逐漸降低。市場上的小眾產品集合起來就形成了一條「長長的尾巴」。同時，當我們把小眾產品集合起來就會發現，小眾產品集合的總量不亞於市場上的主要產品的總量。相應地，小眾產品所創造的價值也會與主要產品相當，甚至會高於主要產品的價值。

當然，長尾理論的前提是網路技術的迅速發展。在人工智慧時代，演算法能力大大提升，SEO（搜尋引擎最佳化）技術也更先進，同時，大數據又為我們提供了更全面、更精準的資料。這一切都使得非主流產品的關注成本降低，批次化生產成為可能。

非主流產品是有個性的產品。不同人的心中有不同的非主流產品，因人而異，種類繁多。在這樣的情況下，人工智慧技術能夠幫助我們實現非主流產品的精準定位，準確定位會進一步促進產品的銷售。

在人工智慧時代，如果要使商業運營更加智慧化，我們就要學會運用長尾理論來武裝自己的頭腦。如果要高效利用長尾理論，就要進一步提升大數據技術和雲端運算的能力，因為商業智慧化的關鍵就在於資料的運維能

力。如果不能好好利用人工智慧技術帶來的智慧的、精確的資料資源，那麼在商業運營上我們必然會接連潰敗。

那麼，在人工智慧時代，如何提升人工智慧產品的資料運維能力呢？具體要做到三個方面，如**圖 5-3** 所示。

圖 5-3 提升資料運維能力的三部曲

1. 龐大的數據資源是基礎

2. 提升 SEO 的能力是關鍵

3. 在局部領域落腳是突破口

1. 龐大的資料資源是基礎

在人工智慧時代，沒有資料就沒有發言權，良好的資料訊息是一切工作的基石。一份全面的資料訊息能夠更好地幫我們進行產品定位、市場區隔，人群細分，會讓我們產品的銷售、商業的運營獲得巨大的成功。

那麼如何獲取龐大的資料資源呢？這裡有一個比較費時，但是十分有效的方法。

Siri 語音剛推出時，很多人都認為它沒有實際的用處，只是一種生活的調劑品。但是蘋果公司卻不這樣想。他們透過 Siri 收集了很多使用者最真實的語音，了解了他們的基本需求。在這一層面上來講，蘋果公司確實收集了大量的資料。

剛開始時，Siri 的語音處理能力很弱，只能回答一些簡單的問題，但是隨著使用者提問問題的增多，蘋果公司對 Siri 進一步最佳化，它的語音處理能力越來越強，能夠更好地回答使用者的提問。人們得到滿意的回答後，就會逐漸習慣使用 Siri。如此良性循環，蘋果公司也就獲得了更多的資料資源。

整體來看，蘋果公司的這種資料收集方法雖然有些慢，但確實是一種實用的方法。雖然剛開始收集的那些資料不夠精確，但卻為資料量打下了基礎。有了龐大的資料資源，Siri 的深度學習能力就會進一步增強。這樣，Siri 就能為客戶提供更好的回答，也為蘋果公司的語音系統打開了大門。

由此可見，在人工智慧時代，無論你運營哪種商業產品，都必須收集到更龐大的資料資源。

2. 提升 SEO 的能力是關鍵

目前，搜尋引擎技術只能為我們提供一個大致的方向，並不能立即為我們提供一個最完美的答案。

例如，當我們在 Google 上輸入「如何獲得成功」之類的問題時，它會立即給出許多相關的文章。可是當你看了這些文章，總覺得索然無味，沒有一篇文章中包含實用的內容，都只是一些心靈雞湯類的勵志口號或空洞的策略。

在人工智慧時代，我們的人工智慧產品應該具備智慧，在深度學習的基礎上進一步提高自己的最佳化能力，為我們提供可取的解決措施。

例如，當你對人工智慧產品說：「什麼樣的圖書銷量會更好」，它會在已有的大數據上進行深度學習，並且理智「思考」，最後給你一個有理有據的答覆。

當然，這樣的技術目前尚未達到，但是針對人工智慧技術的發展狀況，陳華鈞教授用 PC 的發展狀況做了一個類比推理。他說：「我們現在的人工智慧，就像電腦處在的 1980 年代，甚至更早。當今科技發展迅速，訊息傳遞快捷，人工智慧的發展速度肯定會越來越快，也許十年甚至五年後，人工智慧就會像電腦一樣，走進千家萬戶，成為我們生活中的一部分，這就需要我們進一步提升科技能力。」

3. 在局部領域落腳是突破口

任何商業帝國的建立都不是一朝一夕的，而是需要一點一滴的發展。只有在自己擅長的領域進行商業落地，並且堅持不懈的地努力，必然會締造出一個屬於自己的商業傳奇。

李彥宏就是一位資深的技術專家，他在搜尋引擎最佳化技術方面有著獨特的天賦。正是懷著要做一個最大的中文搜尋引擎網站的夢想，他與自己的團隊創立了百度。百度在初創時，最核心的業務就是搜尋引擎最佳化。而且僅憑藉著這一點，他就在網路界占有一席之地。

如今，雖然百度旗下的產品及百度的涵蓋面都很廣，但是在搜尋引擎最佳化方面，他們的團隊仍然在不斷進行研究。

在人工智慧時代，新時代的技術大咖、商界精英也要努力抓住機遇，選擇一個比較好落腳的領域進行研究，爭取成為新時代的商業巨人。

綜上所述，要讓人工智慧促使商業更加智慧化，就離不開大數據、雲端運算能力的綜合提高。同時，在技術的基礎上，我們要改變運營觀念，要綜合長尾理論與「二八原則」各自的優勢，使自己的商業運營更加智慧化。

應用落地領域：遊戲

Section 5-2

人工智慧時代是一個更加泛娛樂化的時代。在這一大時代背景下，人們最感興趣的莫過於好玩的遊戲及豐富多彩的娛樂生活。

遊戲既可以是狹義上的遊戲，如各種主機遊戲和手遊；也可以是廣義上的遊戲，如各類有趣的軼事及為我們的生活增加樂趣的「黑科技」等。遊戲的本質就是使人放鬆，獲得樂趣、體會在現實生活中無法實現的種種快樂。

人工智慧時代，遊戲將過渡到新的層面。人能夠與遊戲角色進行互動，這將是新時代遊戲的最新特點。

可以預見的是，在未來的遊戲世界裡，我們將會有耳目一新的感覺。

5.2.1 廣義遊戲主題：智慧寵物機器

如前文所述，遊戲也有廣義與狹義之分。智慧寵物機器應該屬於廣義的遊戲範疇。

在人工智慧時代，智慧寵物機器主要有兩種形態，分別是寵物保姆機器人和智慧型機器寵物。寵物保姆機器人就是能夠幫助我們管理寵物的智慧型機器人。它能夠在我們外出時，幫我們管理寵物。說到智慧型機器寵物，常見的就是智慧型機器狗。它擁有與普通寵物相似的外表，卻有著更強大的功能。透過演算法的提升，它能夠與我們建立深厚的感情，一點也不遜色於普通的寵物狗。

首先，介紹一下寵物保姆機器人的商業落地與發展現狀。

人類很早以前就已經有養寵物的習慣了。在現代社會，尤其是在城市中，寵物更是成了生活的一部分，成了家庭的一部分。在現代人的生活中，寵物更是成為不可或缺的慰藉。在無聊的時候，只要有牠們陪在身邊，我們一整天疲憊的狀態都能一掃而空。

可是，你可曾想過，當自己早出晚歸去工作時，家裡就只有一個孤伶伶的寵物。在空蕩蕩的房間裡，牠只能透過來回踱步的方式來排遣自己的孤獨情緒，牠總是期待著你回家，期待著你能給牠一個溫暖的撫摸，牠不會說話，只能默默等待。

許多人也為此感到內疚，只能夠透過多買些狗糧或貓糧來滿足牠們的基本需求，或者週末帶著牠們去街上玩。

在人工智慧時代，這一切也將成為過去，我們也無須過於自責。隨著寵物保姆機器人的問世，我們再也不用擔心寵物會感覺孤單了。例如，Sego 寵物保姆機器人。

Sego 的功能特別強大，它不僅能夠全心全意地陪伴寵物，還能夠根據貓狗消費能量的狀況，智慧地給它們餵飯餵水。此外，Sego 還能充當鏟屎官，幫助我們清理室內衛生。

Sego 的外觀簡潔，色澤整體通白，可謂高質感。它的身上有許多智慧裝置，例如，高清晰度的攝影機可以充當它的雙眼，這樣它就能夠全面地、清楚地觀測寵物的動向；此外，還有一雙機械手，相當於人類的手，可以為寵物提供各式各樣的服務。幫寵物洗澡、搔搔癢這些基本活動 Sego 做起來簡直易如反掌。總之，Sego 擁有各種技能，彷彿寵物的私人保姆，做起事來有條不紊，不急不躁，十分貼心。

如果說 Sego 只是一個服務類的寵物保姆機器人，還不是非常「呆萌」的話，那麼智慧型機器寵物完全可以成為「暖萌」的化身。例如，由北京 Roobo 公司研發的 Domgy 就是一隻智慧型機器寵物狗。

Domgy 雖然只是一隻機器人寵物，但是它有強大的功能。它有著類似於狗的基本形態，只是更加簡約。Domgy 擁有強大的人工智慧，當它發現家中出現陌生人時，會主動將陌生人的相片或小影片智慧地推送到我們的智慧型手機上，等待我們的確認。當我們回覆 Domgy：「這個人是我的朋友，請熱情招待」時，它會主動友好地與我們的朋友打招呼。同時，在一瞬間，它就能記住我們朋友的相貌，而且它的記憶力超好，對人臉過目不忘。

當然，Domgy 的功能還有很多。它會使用百度地圖或者高德地圖等幫助我們導航或定位；當我們觸摸 Domgy 的腦袋時，在它的「臉屏」上也會有各式各樣的反應，例如，動態的笑臉圖片或者會飛過一些搞笑的語句和「暖萌」的話語；它的身體也會因為情緒的波動而抖動，彷彿真實的寵物狗；作為狗，它當然也擁有看家護院的本領，當不法分子侵門踏戶時，它會及時報警。

綜上所述，在養寵物成為潮流的現在，為了使我們的寵物有一個更快樂的生活，也為了使我們的娛樂活動更加豐富，選擇人工智慧寵物機器無疑是一種最好的方法。

5.2.2 核心玩法：透過人工智慧與寵物建立強聯繫

在朝九晚五的生活中，我們無法帶寵物去上班，不能無時無刻和自己的毛孩一起玩耍，我們總會覺得生活失去了一些樂趣。

在人工智慧時代，這一問題將得到有效解決。我們在人工智慧技術的基礎上，可以遠端操控寵物，與寵物玩耍，進行跨時空的互動。

這聽起來有些不可思議，但是在演算法技術不斷提升、人工智慧相關技術不斷進展的狀態下，我們就可以做到以上那種超強互動。

目前，可以進行遠端操控的智慧寵物機器人已經問世，小蟻智家寵物陪伴機器人就是一個鮮明的案例。

小蟻智家寵物陪伴機器人無疑是人工智慧界的「暖萌」新科技。

它的功能眾多，除了能夠定期餵食物和透過一些投球遊戲逗狗開心，它還有遠端語音及遠端影片的功能。小蟻智家寵物陪伴機器人內建一款智慧的應用系統，它可以透過自身的前置攝影機，觀察寵物的活動情況，並進行拍照和錄影。透過智慧型手機與它跨時空相連，我們也不用擔心無法時常逗狗的問題了。這樣的新科技將會帶我們步入智慧養寵物的新時代。

但是，在人工智慧深入發展的時代，這樣的功能也會逐漸落後，我們要對小蟻智家寵物陪伴機器人進行深入研發。

到那時，我們不但可以輕鬆實現遠端觀看、操縱，還能透過人工智慧技術理解狗的語言，了解牠的內心世界，而不是僅僅透過狗的外在表現（如叫聲、睡姿、尾巴搖動的頻率、跳躍的次數等）來猜測牠的想法。

到那時，我們的智慧型機器能夠透過對狗的叫聲及各種外在特點進行深度學習，最終學會用狗的方式與它進行交流，然後智慧型機器再把狗的相關需求透過人類的語言表達出來，充當我們與寵物之間的「語言翻譯」人員。我們與寵物之間的交流將會得到進一步提升，我們的娛樂生活將會更加有趣、豐富多彩。

雖然現在看來，這還是遙不可及的科學幻想，但是在這個迅速發展的科技時代，只要我們能夠發揮合理的想像，還有什麼不能實現的呢？在行動網路時代，許多新的科技產品的出現使我們的生活發生了翻天覆地的改變。在人工智慧時代，我們必然會迎來新的科技巨變，人工智慧也必然會不負時代使命，使我們的生活更加有趣！

▌5.2.3 狹義遊戲新規：與讓遊戲角色進行互動

在狹義的遊戲領域，人工智慧技術的參與將使遊戲更加有趣、精彩。

從人工智慧技術的商業落地角度來看，人工智慧與遊戲的結合必然會帶來更大的商業價值。從目前已經初步商業落地的領域來看（如智慧音箱、智慧家居產品等），人工智慧都能借助更加智慧的技術提升使用者體驗，豐富我們的生活，而且這些新產品的變現能力很強，有著不錯的商業前景。

遊戲產業、智慧音箱及其背後的音樂產業，則會有更強的變現能力和更美好的商業前景，我們也有充分的論據來證明。

在 PC 時代發展的後期，隨著個人電腦的逐步普及，人們很少去網咖上網查閱資料了，現代人去網咖上網主要是為了玩遊戲。

《英雄聯盟》的爆紅，再一次帶動了電競產業的發展。在電競產業興盛的這幾年，整個電競圈都取得了很好的收益。

可是縱觀所有的遊戲，我們會發現這些遊戲都是基於鍵盤的操作、或是透過觸控螢幕操作的形式來完成的。我們只是在操控遊戲中的人物，讓它們完成遊戲指令。雖然我們可以融入遊戲中，但是遊戲角色不能與我們進行互動，這是遊戲的缺點。

在人工智慧時代，我們將會設定遊戲新規則。在新規則下，我們可以與遊戲中的人物進行互動、交流，這無疑會增加遊戲的代入感和趣味性。

AlphaGo 開啟了新時代遊戲的先河。雖然這是一場人與智慧型機器人之間的圍棋博弈，但從更寬廣的角度來看，這也是一場人與智慧型機器人的遊戲。在遊戲的過程中，AlphaGo 在思考，雖然我們面對的仍是一個冷冰冰的螢幕，但 AlphaGo 的靈魂、「大腦」都潛藏在螢幕背後。透過它下圍棋的招數變換，我們可以猜測它的心理變化，從而獲得玩遊戲的快感。

在人工智慧時代，人可以與遊戲角色互動。也許剛開始無法進行全面的互動，但是我們可以從最簡單的語言互動逐漸過渡到多種感官的互動，最終達到全方面智慧化的互動，增加遊戲的娛樂感。

例如，在起步階段，我們可以很簡單地設計一個智慧寵物遊戲，當然這個遊戲的行程也需要遵循循序漸進的原則。我們與遊戲內的寵物依次展開語言互動、眼神互動、肢體互動，最後到心靈互動。

這款智慧寵物遊戲只是一個實驗，最終我們要讓人工智慧互動遊戲全面落地，為我們的生活增添更多的趣味。

▌5.2.4 遊戲回饋：透過雲端與遊戲寵物即時共享

在人工智慧遊戲中，所有的遊戲角色都將擁有超強的智慧。遊戲角色能夠自己聯網，自己進行深度學習，增強它自己與我們的交往能力。而我們也可以把自己的所見所聞所想透過雲平台或者端渠道對它即時共享，由此在智慧遊戲中獲得交流、溝通的快樂。

人工智慧遊戲技術還沒有到達終極階段，我們可以一步步地來實現。這裡，我們還是以智慧寵物遊戲為例，來說明我們如何與遊戲寵物進行經驗的交流、成果的共享，具體步驟如圖 5-4 所示。

圖 5-4 實現人與遊戲寵物高效交流的三部曲

第一，進一步提高雲端運算能力。演算法技術的提升是人工智慧發展的關鍵動力，人工智慧遊戲的商業落地自然更需要先進的演算法。

在新演算法的技術支撐下，人工智慧中的遊戲寵物將會逐漸聽得懂人類的語言，並能夠用語言與我們交流；遊戲寵物也會認得誰是它的主人，而且會逐漸建立起與我們的依賴感。此時，遊戲寵物就類似於神話故事中活潑可愛的小精靈。遊戲寵物還將有更強大的情感感知力，它能夠感知我們的喜怒哀樂，並會在我們高興時分享我們的快樂。在我們憂鬱時，它會與我們一起承擔痛苦，同時還會為我們講一些幽默詼諧的故事，使我們快樂。

當然，此時分享快樂已經不再是人類專有的特權。遊戲寵物也會在它們有需求的時候主動聯絡我們，與我們分享它在遊戲世界中的快樂與痛苦。我們會與遊戲寵物攜手共進，獲得快樂。

第二，打造新型雲端一體媒介。現在，智慧音箱已經成了新型雲端一體的代表裝置。可是，智慧音箱只能與智慧家居產品配合使用，局限性太強。

在人工智慧遊戲領域，我們需要一種新的雲端一體媒介。例如，我們可以打造一個新型智慧晶片。

我們可以把智慧晶片注入遊戲角色的實體模型裡。每一次遊戲結束後，這個智慧晶片的內容將會智慧化地更新。同時，這款智慧晶片有著強大的語音互動能力及語義理解能力，能夠很快捷地理解我們的話語，甚至聆聽我們的心聲。這樣，我們就可以隨身攜帶它，讓它隨時向我們訴說遊戲世界的新變化。

第三，遊戲寵物的形象要「暖萌」。我們希望在人工智慧遊戲世界裡，遊戲的角色是「暖萌」的。現在的科技是「酷炫」的，但是目前的產品是冷冰冰的。AlphaGo 只是擁有強大演算法及程式的冷冰冰的機器，即使我們與 AlphaGo 反覆進行圍棋訓練，我們也不會喜歡上它。

相比於 AlphaGo，智慧音箱基本上已經有了較為固定的形態。雖然仍然擺脫不了過於相似的格局，但最起碼有了一些「暖萌」的感覺。

在人工智慧遊戲領域的早期發展階段，遊戲寵物也應該繼承這一「暖萌」的風格，並把它發揚光大。另外，在「暖萌」的設計風格中要增加多元的表現風格，來吸引年輕人的目光。

綜上所述，透過雲端與遊戲寵物實現共享仍是一個夢想，但是只要堅持技術的引領、新型平台的打造及「暖萌」的遊戲形象設計，我們的這個人工智慧遊戲夢也必將成真。

5.2.5　晉升途徑：寵物等級越高，功能越強大

回顧電子遊戲發展的歷史，我們不難發現，任何遊戲想要獲得深度關注，都必須設定遊戲等級或遊戲關卡。這是遊戲界發展的一個鐵則，人工智慧遊戲的發展必然也無法逃離這一發展規律。

在單機遊戲時代，我們一般都不提帳號等級，因為在那個年代根本就沒有遊戲等級的概念。那時流行的都是通關類遊戲，一般來講，遊戲都會設定5～8個關卡。每一個大的關卡下，也會設定一些小的關卡。

在單機遊戲最流行的時代，最紅的應該是《超級瑪利》及《魂斗羅》。那時，我們根據通關數量的多少來衡量一個玩家等級的高低。關卡的設定吸引了大量的玩家，使單機遊戲卡匣大賣，那些早期的生產商也獲得了大量利潤。

隨著網路遊戲時代的到來，傳統的關卡設定也不再有吸引力。當一款遊戲破關後，就會覺得這個遊戲沒有意思，對同款遊戲也很難再提起興趣。

等級的設定此時就能發揮良好的效果。

在行動網路時代，手遊承襲了等級升級的傳統玩法。以《王者榮耀》為例，隨著帳號等級的提升，玩家曾獲得相應的等級獎勵，包括功能的獎勵及遊戲幣的獎勵。透過這樣的方式，吸引了數萬名玩家。

在人工智慧時代，在人工智慧寵物遊戲的設定中，遊戲寵物也會有相應的
等級。等級由低到高，它的智慧程度也會由低到高演變。

例如，在 1 級的時候，遊戲寵物只會對我們眨眨眼，微微一笑。隨著等級
的提升，它逐漸能聽得懂我們的語言，看得懂我們的表情變化，聽得懂我
們的心理訴求，並且會幫我們答疑解惑，滿足我們的需求。

其實，這也是我們與遊戲寵物共同學習、共同進步的一個過程。在這個過
程中，我們與遊戲寵物的聯繫進一步加強。我們會認為自己參與了遊戲寵
物的整個成長過程，自己是遊戲寵物的締造者，心中會有一種自豪感和
喜悅感。這樣，我們與遊戲寵物的感情也會越來越深，它在我們心中的地
位自然而然也會越來越高。最終，我們也會放不下這款遊戲，對它產生依
賴感。

總之，人工智慧遊戲的商業落地也必然要遵循等級提升的模式。透過遊戲
寵物等級的升級，進一步提升寵物的功能。這樣，一方面會使我們和遊戲
寵物有更強的互動，對其產生依賴感，另一方面也有利於人工智慧遊戲的
全面商業落地。

▌5.2.6 持續更新：不斷更新，提供新玩法

在人工智慧時代，面臨市場的變化、技術的升級、使用者多元需求等綜合
因素，遊戲市場也必然會迎來新的轉型。在人工智慧時代，我們的目標是
讓遊戲市場向著智慧化、人性化等方向進行新的突破。

要做到智慧化與人性化，我們還有很長的路要走。但無論如何，都離不開
玩法的持續更新。

關於人工智慧遊戲的不斷更新，這裡提供出三方面的建議，如**圖 5-5** 所示。

圖 5-5 人工智慧遊戲更新的三元素

第一，革除落伍的遊戲元素。其實，任何內容產業的創新都離不開推陳出新、革故鼎新。雖然汰除自己曾引以為傲的產品是一件很痛苦的事情，但是如果不革除落伍的內容，必然會被新時代的新內容淘汰。

我們從遊戲發展、遊戲進化的角度就能夠了解這點。

從單機遊戲到網路遊戲，就是遊戲自我革新的一個過程。透過革除單機遊戲封閉的循環系統，遊戲玩家就可以透過網路與更多的玩家進行交流，從而大大增加遊戲的交際性和娛樂性。雖然在汰除單機遊戲時，一些遊戲廠商是不情願的，但是當看到網路遊戲有如此好的發展前景時，他們也會笑逐顏開。

從主機遊戲到手遊，也是一次全新的革新之旅。隨著行動網路時代的到來，智慧型手機快速發展。誰占據了手遊市場，誰就搶得了發展的先機。於是，許多廠商就結合智慧型手機的特點，選擇優秀的遊戲軟體技術人員，成立工作室，開發新的手遊產品。這樣，手遊就成了遊戲的新興元素和時代的新寵兒。

如今，我們處於人工智慧時代的早期，雖然人工智慧技術還不是很完善，但是其作為觀點上的革新，我們一定要先人一步。我們要把遊戲與人工智慧技術融合，塑造能夠與人類對話的遊戲角色；而且不止對話，遊戲角色會像一個虛擬的小精靈一樣讀懂我們的思維，幫助我們解決生活中的疑惑及遊戲中的困惑。這樣，在人工智慧時代，遊戲才會給我們帶來更多的樂趣。

第二，借鑑優秀的遊戲元素。如果我們想成為更加優秀的人，就需要有海納百川的胸襟。如果總是敝帚自珍，坐井觀天，那麼最終會被時代淘汰出局。

優秀的遊戲製作同樣也需要借鑑、融合。DotA 開創了兩軍對壘、推塔類遊戲的先河。DotA 可以單機玩，也可以連線玩，在網路技術還不是特別發達的年代，可謂風靡一時。可是在更大的市場推廣方面，它卻遇到了諸多問題。一個主要原因是 DotA 的操作較難，不是簡單且易上手的遊戲，只有資深玩家才會對這款遊戲愛不釋手。2011 年，LOL 借鑑了 DotA 的推塔元素，選擇了更為簡單的操作方式，深受廣大遊戲玩家的喜愛。

在人工智慧時代，全新的遊戲也需要借鑑優秀遊戲的長處。只有與新技術融合，並且擁有受人喜愛的遊戲模型，遊戲才會有更長遠的發展。

第三，堅持自己的遊戲風格。有特色的才是最好的。我們在製作研發新遊戲時，可以借鑑其他優秀遊戲良好的一面，但是不能完全照抄，而是要有自己的特色。

所謂特色，就是要延續自己一貫的遊戲製作風格；要讓自己的產品與遊戲玩家有一個更高的契合度；要有本土化的特色。

在人工智慧時代，遊戲製作也同樣需要保留自己的風格，要有更加本土化的元素。只有這樣，才可能打造出一款世界級的遊戲。

綜上所述，在人工智慧時代，要想提供遊戲新玩法，不僅需要與最新的技術結合，更需要堅持和勇氣。

案例：
日本索尼寵物狗 Aibo

日本是一個人工智慧技術極度發達的國家，在國家政策層面也極力扶持機器人產業。在大學教育層面，一些綜合性大學都設有機器人專業和機器人實驗室，如早稻田大學、大阪大學、東京工業大學等。

在人工智慧生產領域，日本的索尼公司也是極具盛名的。

早在 1999 年，索尼公司就公開發布了第一代人工智慧寵物狗，並把它命名為 Aibo（愛寶）。在日語中 Aibo 的意思是伙伴。第一代 Aibo 已經能夠聽懂人類的語言，而且會做出相應的回應，許多日本人都把它當作真正的寵物狗來養。

關於第一代 Aibo，有著許多感人的故事。由於經濟問題，索尼公司在 2006 年被迫停止生產 Aibo，後來，一些 Aibo 的維修公司也隨之停業。許多初代 Aibo 在長時間缺乏保養的情況下，也逐漸失去了「壽命」。那些喜愛 Aibo 的家庭，會在 Aibo 壽終正寢後，請寺院的大師為其禱告；還有許多人得知 Aibo 將要離去時，痛哭不已。

財政問題有所好轉後，2017 年 11 月初，索尼公司出其不意地將秘密研發一年半的新一代 Aibo 推向市場，而且新一代 Aibo 也有一個全新的型號——Aibo ERS-1000。

從外觀來看，新一代的 Aibo 寵物狗更加栩栩如生，更加活潑可愛，讓那些愛智慧狗的人欣喜不已。從技術角度來看，新一代 Aibo 無疑是當今人工智慧「黑科技」的又一代表作。

Aibo 全身都充滿科技感，它的身體內部有各種豐富的感測器，如光學感測器、加速度感測器、亮度感測器及深度感測器等。這些感測器的設定非同小可，一個個感測器就像正常狗的身體內部的器官。同時，在賦予人工智慧技術後，Aibo 能透過體內的各種感測器，準確識別出自己的主人。而且憑藉大數據的輸入，雲端運算能力的提升，Aibo 在與主人的互動過程中可以清晰地感知主人的情緒。

Aibo 的智慧還體現在它會根據主人的性情，調整自己的性情。如果主人是一個性格溫柔的女孩，那麼它就會搖身一變成為一隻「淑女狗」；如果主人是一個愛運動的人，那麼它就會搖身一變成為一隻愛運動的「智慧狗」；如果主人是一個愛講話的人，那麼它就會養成傾聽的習慣，成為主人身邊安靜的「傾聽狗」。總之，它會根據主人的性情打造屬於自己獨一無二的性格，成為獨一無二的 Aibo。

此外，Aibo 還會主動把主人的個人習慣及個性訊息傳輸到自己的雲端大腦。這樣，Aibo 就會擁有「永久」的記憶，它也會因此有和真實的寵物狗一樣的「靈魂」。

從整體來看，Aibo 無疑是最智慧的寵物狗。它不僅專注，而且極具熱情。它會時常跟著你，與你互動。在房間裡，無論你走到哪，它都會活蹦亂跳地跟到哪裡。而且它還有一個顯著的優點，它不會吵鬧，它永遠不會把牆面、桌子弄得一團糟。它還會聽從你的調遣。例如，如果你要它跳舞，它就會像正常的狗那樣，雙腿站立，然後在原地跳一支舞；如果你讓它操作家電，它也會成功地完成操作。這樣，它就會比智慧音箱更受人們的喜愛。

對於 Aibo 的批次生產，很多業內人士認為，它無疑是人工智慧消費市場的另類，卻是一個比較好的另類產品。

2017 年，消費級人工智慧市場注定不平凡。無論是智慧音箱市場的百家爭鳴，還是 iPhone X 的人臉識別，以及無人超市的逐漸到來，都代表了人工智慧技術在功能性方面的長足進步。然而，過度關注人工智慧產品的功

能，忽視人工智慧產品給人們帶來的情感體驗，則會使人工智慧的發展偏向畸形。

新一代 Aibo 的批次生產，無疑是人工智慧界的一股新鮮血液，會給人們快節奏的生活帶來一絲歡愉，帶來一份溫馨。索尼公司雖然另行其道，在別人如火如荼地生產智慧音箱時推出智慧狗，卻為人工智慧的發展提供了一個新的生產研究方向。

正是由於 Aibo 的問世，關於未來社會的人機互動，在業內也出現了明顯的分歧。有人認為，我們應該大力生產功能性的人工智慧產品，這樣我們的生活才會更加便捷；也有人認為，我們應該生產更多情感型的人工智慧產品，這樣我們的生活才會更加溫馨，更加有人情味。

不可否認，智慧化是未來社會的大趨勢。但在一個人工智慧高度發達的時代，人類面對的必然是各式各樣的冰冷機器嗎？我想這應該不是我們的終極目標。我們去無人超市購物確實很方便，但是少了人與人之間的交流，人們不就會變得更加孤獨嗎？

時間是一個偉大的見證者，未來關於更美好的人工智慧，時間必定會給我們滿意的答案！

chapter 6

智慧＋教育：
開啟教育領域
新一輪角逐大戰

十年樹木，百年樹人。教育在任何時候，對家庭的幸福、社會的進步、文明的演進都有著舉足輕重的作用。

對於人工智慧教育，特別是機器人教育，業內專家都有極高的期待。

在人工智慧時代，社會需要的是創新能力強、科技水平高、人文素養高的綜合型人才。教育機器人的研發應用，必然會使學生受益，使社會受益，必然會為智慧化教育帶來更加美好的未來。我們應以高昂的熱情迎接全新的人工智慧教育時代！

人工智慧衍生出六大新教育模式

每一個時代都會有屬於自己時代的教育模式。

孔子踐行「因材施教」，是一種難得的、古樸的、智慧的教育模式。從整體來看，封建社會的私塾教育是一種封閉的單向傳遞模式，先生講，學生聽；在「八股取士」的年代，單向傳遞模式更是達到了巔峰；在現代社會，教育模式逐漸由應試教育向素質教育過渡，教育模式也更加民主化、自由化、個性化，但發展仍然緩慢。

在人工智慧時代，機器人教育應該隸屬於素質教育，而且作為素質教育的科技支撐，也必然會為素質教育繁衍出六大新的教育模式，實現教育上的重大突破。

▍6.1.1 個性化學習，因材施教

提到教育，大家耳熟能詳的教育思想就是有教無類與因材施教。但回顧我們的歷史，不難發現，要成為一個絕對優秀的老師不是很容易的事情。像孔子這樣的聖人，在應試教育的大背景下，已經是可遇不可求的了。

再回顧我們的生活，回想我們小時候所接受的教育，不難發現，我們都是應試教育下的學生。我們只會應付考試，沒有創新的想法。當談到比較好的新發明、新產品時，我們想到的大多是外國產品。

我們的知識水準提高了，但是我們的思維力和創造力並沒有提升。為了讓孩子有一個更好的未來，較為富裕的家庭也都把孩子送到私立學校念書，因為那裡的老師水準也許會高一些。可是即使選擇了較為優秀的老師，我們的孩子就一定能夠成材嗎？私立學校的學生也很多，老師的精力有限，未必都能夠注意到，也未必能夠一視同仁，也許未能達到家長所期待的結果。

人工智慧元素的注入，將會逐漸解決這個困擾我們的難題。

從思維角度來看，老師擅長單向性、跳躍性的思考方式，一對一的教學更容易發揮老師的特長。人工智慧型機器擅長多向性的思考方式，能夠為孩子列出更多的可能性，幫助孩子建立更科學的思維方式。

從精力角度來看，老師的精力是有限的，但是人工智慧型機器的精力是無限的，只要幫它充電，它就會有無限的精力。

人工智慧的注入，無疑會使「因材施教」的理論得到更加完美的踐行。透過充分發揮孩子的個性，達到個性化學習的目的。

所謂個性化學習，是指教育機器人能夠主動探測出孩子的學習特點、學習方式及學習興趣點。在此基礎上，智慧化地推薦一款適合孩子的學習策略。最終能夠高效提升孩子的學習興趣，使孩子取得非凡的學習效果。

在人工智慧注入的情況下，為了使個性化學習達到最佳的效果，我們需要做到五點，如圖 **6-1** 所示。

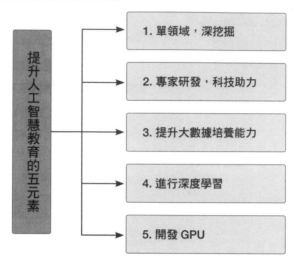

圖 6-1 提升人工智慧教育的五元素

提升人工智慧教育的五元素

1. 單領域，深挖掘

2. 專家研發，科技助力

3. 提升大數據培養能力

4. 進行深度學習

5. 開發 GPU

第一，單領域，深挖掘。任何新方法的注入，都需要有一個良好的切入點，而不是面面俱到。如今，我們正處於弱人工智慧時代，人工智慧教育也應該先在單一訊息領域取得突破。例如，我們的語音互動技術及智慧最佳化技術已經取得了不錯的成績，所以我們目前在人工智慧教育方面，也應該著重打造更加理性、語言理解能力更加強大的教育機器人。

第二，專家研發，科技助力。人工智慧時代不同於行動網路時代。在行動網路時代，只要有兩三個懂得程式設計的研究人員，就能做出一個 App。如果能夠搭上潮流，或者能夠迅速占領市場，那麼這款 App 就能迅速走紅。

而人工智慧產品的製作，就不是那麼隨意簡單的事情了。人工智慧產品的研發離不開專家和科技的助力。人工智慧產品的研發需要更專業的知識，及強大的知識圖譜和動態的學習能力，只有擁有這樣的能力，我們才可以為使用者設計出更加智慧的人工智慧產品。

在人工智慧教育領域，國外典型的應用就是分級閱讀平台。所謂分級閱讀平台，就是根據學生的年齡，智慧化地為他們推薦最適宜的學習內容及相關閱讀材料，而且能夠有效地將教學內容與閱讀材料聯繫在一起。在推薦

閱讀後，會附帶隨堂測驗，學生也可以由此作答。人工智慧產品終端會將學生的作答情況上傳到雲端，這樣老師就能夠隨時掌握學生的閱讀進度和學習情況。

第三，提高大數據培養能力。大數據技術是人工智慧發展的養料，人工智慧教育的進步自然也離不開大數據的支援。根據一家人工智慧科研機構的深入分析，人類的學習方法大致有 70 種，而人工智慧教育機器人的學習方法卻有千萬種。人工智慧教育機器人的這項能力足以為個性化教學提供有力的支撐。

當然，培養大數據的能力也是一個循序漸進的過程。

我們首先要做的是用人工手段為機器進行資料標註，這樣，機器便能夠學習到相應的知識。其次要逐漸擺脫人工標註，讓機器自動進行資料標註。大數據培養力強弱的一個重要參考標準，就是機器自主標註資料能力的強弱。如果機器不能自主有效地進行大規模的資料標註，那麼人工智慧教育的發展也只是天方夜譚。最後要在自主標註資料的基礎上，進行深度學習，從而提高人工智慧教育的科學性及合理性。

第四，進行深度學習。深度學習能力的提升是一個技術工作，需要相關電腦頂尖人才不斷進行研發，需要在目前的卷積神經網路演算法的基礎上取得突破。只有提升深度學習能力、雲演算法效率及智慧力，才會給人工智慧教育帶來新的機遇。當然，這些也不可能是一蹴而就的，不僅需要科研人才的研發，更需要大量資金的投入。

第五，開發 GPU。GPU 就是圖像處理器。GPU 是在 CPU（中央處理器）的基礎上提出來的一個新概念，也是一個新的核心部件。GPU 的出現是時代發展的必然產物。隨著大數據資源的大規模擴張，原有的 CPU 已經不能進行更加快捷高效的訊息處理了。為了使電腦的處理能力更加強大，為了能夠更智慧地處理巨量的資料，必須深入開發 GPU。

綜上所述，與傳統的老師教學相比，老師利用人工智慧教育能夠更好地實施個性化教學，能夠做到因材施教。提高人工智慧教育的能力，也必然離不開專家的研發、演算法的提升。

6.1.2 改變教學環境，
新型的模擬化和遊戲化教學平台

寓教於樂是現代教育的核心理念。教育的最佳目的是讓孩子收穫更多的快樂。傳統的應試教育透過灌輸的方式為孩子輸入知識，孩子會覺得學習是一件苦差事，根本就提不起學習興趣，更遑論學習的樂趣。一些成績較差的孩子甚至會牴觸學習，覺得學習是一種負擔。這樣，教育就無法達到最好的效果。

在行動網路時代，教學環境相比於傳統教學環境已經有了很大的改變。我們目前基本上都是利用多媒體進行教學。電子白板也逐漸取代黑板，進入了教學領域。但是我們不難發現，這只是裝置的變化，而不是教學方式的改變。

在人工智慧時代，人工智慧元素的注入，將會給我們的教育環境帶來更大的改觀，給我們的教學方式帶來一場全新的變革。在人工智慧時代，我們將會有新型的模擬化教學平台和遊戲化教學平台，這些都會使我們的教學活動有更多的樂趣，使孩子主動學習。

GSV Capital（全球矽谷投資公司）的聯合創始人 Michael Moe 曾經對未來教育有過更加合理的設想。他提到，未來知識獲取會有很多管道，儘管舊的知識體系不會被取代，但它會因為一個人的知識組合包的形成而獲得最佳化，這個知識組合包中包含他學過的內容、上過的課程、經歷的事情，並且依賴於 LinkedIn 這樣的數位網路。

不難想像,在未來,教育就是要打造出一種參與感、娛樂感,讓更多學生有學習的熱情,這樣最終才能提高教育的品質、提升學習的價值。

關於模擬化教學,目前世界上已經有許多不錯的模擬化教學平台。所謂模擬化教學平台,就是將虛擬實境、機器學習等技術在教學領域進行深入挖掘,從而打造出一個人性化、智慧化的平台。

談到模擬化教學平台,我們不得不提 Knewton,它絕對是模擬化教學的佼佼者。Knewton 是一個線上教育平台,於 2008 年在紐約成立,至今已有 10 多年的歷史。

它的核心教育技能,就是為各種使用者提供個性化的學習內容推薦。這一教育平台的覆蓋面極為廣泛,不僅包括 K12 教育,還包括職業發展教育及更高等的教育。

關於 Knewton 的智慧程度,我們可以從三個角度來理解,如**圖 6-2** 所示。

圖 6-2 **Knewton** 的智慧三維度

維度一:能夠智慧推薦學習課程及內容

維度二:能夠智慧預測學生的學習能力

維度三:能夠智慧評估學習內容

■ 維度一:能夠智慧推薦學習課程及內容。這一平台的系統會根據學生的相關學習資料及學習習慣,進行全面分析,從而為他們智慧推薦下一階段的學習內容。

- 維度二：能夠智慧預測學生的學習能力。與傳統的教科書出版社不同，Knewton 智慧化平台能夠預測學生未來的學習力。透過傳統的教輔資料的學習，學生只能回答問題，知道答案的對錯，這是一種比較封閉的測試體系。而 Knewton 會根據你目前的學習特點和學習能力，對你未來的學習能力進行深入分析。例如，某一個學生此次測驗的成績是 80 分，該平台會全面地分析他的答題特點，並給出合理的建議，根據它的建議，學生的成績日後就會提升不少。這樣，學生就會有更強的學習動力。

- 維度三：能夠智慧評估學習內容。目前，我們的課程質量評估體系還比較封閉。我們的教學內容基本上都是按照課綱要求進行的，評估體系也不是很健全。Knewton 智慧化平台能夠基於學生的理解力及時代特點，對課程質量進行全面科學的評估。在此基礎上，制訂更加合理的學習策略。

McGraw-Hill 公司是一家全球著名的資訊服務公司，成立於 19 世紀中期。如今，該公司已經開設了眾多分公司，目前的主要業務是金融服務、商業資訊服務和教育服務。

McGraw-Hill 旗下的教育公司也正在開發新的人工智慧教育平台，打造全新的智慧化數位教學平台。他們從 200 萬名學生中廣泛收集資料，在此基礎上，利用人工智慧技術為每個學生提供個性化的學習服務。這一新的人工智慧教育平台，在超強的雲端運算的支撐下，能知道學生更容易接受什麼樣的學習方式，儘量做到因材施教。

所謂遊戲化教學平台，就是打造一個更加有趣的教學平台。在這一平台中，學生可以愉悅地獲取各種知識，再也不會覺得學習是一份苦差事，反而會覺得學習是一件輕鬆有趣的事情。

在傳統教育下，有個性、有趣的老師是稀缺資源。大多數老師都是按照課綱，照本宣科地為學生進行知識的傳授。這樣會顯得古板，有時學生也會感到學習枯燥無味。

在人工智慧元素注入後，教育機器人能夠集中大量優秀教師的優點，把課程內容講得更加有趣、詼諧，而且互動性極強，學生可以積極向教育機器人提問。這樣，課堂氛圍就會很活絡，學生的學習興趣就會很高。如此良性循環，對學生未來的發展也必定是好事。

綜上所述，人工智慧的發展必然會帶來傳統教育的變革，透過搭造新型的模擬化和遊戲化教學平台，人工智慧會逐漸改變原有的教學環境，學生也會獲益匪淺。

6.1.3 自動化輔導與答疑，為老師減負增效

在傳統教育下，老師由於精力有限，只能對少數學生進行重點輔導。老師主動輔導的對象都是優秀學生和成績較差的學生。透過培優補差，提升班級的榮譽感。這樣做有一個弊端，就是那些成績中等的學生可能會因為得不到老師的關注而產生自卑的情緒，這就不太符合教學公平的理念。

隨著人工智慧時代的到來，這一難題也將會迎刃而解。人工智慧技術的應用，將使教學機器人擁有人的能力。教學機器人可以對學生進行自動化的教導與答疑，能夠為老師減輕教學負擔，又能夠有效提升學生的學習能力。

人工智慧在教學應用領域，可以為我們的教學改革帶來重大的影響。具體可以從以下四個角度來闡釋：

- 人工智慧技術能夠有效採集資料，使我們的教學方式由數位化向資料化方向轉變。

- 人工智慧技術能夠使老師從簡單重複的工作中解脫出來，從事更富有創造性的教學活動。閱卷及評測都可以透過智慧教育機器人來完成，減輕老師工作負擔。

- 人工智慧技術的應用能夠提升教學的互動性。不僅使師生間的互動性大大提升，學生與學生之間的互動性也將提升。透過全方位、全面的互動，人工智慧能及時準確地發現教學活動中存在的問題，最終可以有效提升課堂的效率，提升學生的學習趣味。

- 人工智慧技術的應用能夠有效提升教學管理的大數據決策力。透過大數據進行教學管理的相關決策，增加決策的科學性，從而實現更加科學化、民主化、自由化的教育。

同時，人工智慧技術也處於不斷升級發展的過程中。人工智慧技術的進一步提升，將會有效提升機器人翻譯的精確性、智慧閱卷的速率及機器語言理解的能力。如果人工智慧的這些能力得到有效提升，那麼人工智慧教育也將會有更美好的前景。

中國科大訊飛的人工智慧技術在教育領域表現優異，已多次在國際性教育比賽中獲得佳績。目前，科大訊飛在智慧閱卷能力上已經有了重大突破，特別是在主觀題的閱卷能力上表現不凡。例如，在進行英語作文閱卷時，科大訊飛的智慧閱卷水平極高，智慧閱卷機的評分與閱卷老師的評分的一致率平均達到 92%。

綜上所述，逐步成熟的人工智慧技術將會為老師減輕負擔、增加效率，為智慧教育創造出更美好的未來。

▌6.1.4 利用高科技，智慧測評

在傳統教育時代，批改作業為老師帶來了巨大的工作壓力，也壓縮了老師的備課時間。即使是一個優秀的老師，如果教學內容跟不上時代潮流，勢必不能夠滿足新生代學生的學習需求。

所以，人工批改作業在現代社會是一種費時費力的工作，無法為課堂學習帶來明顯的益處。

人工智慧的發展將會提升機器的智慧測評能力，使老師從批改作業中解脫出來，從事更具有創造力的教學活動，可謂一舉兩得。

隨著資訊技術的蓬勃發展，大數據技術、語音互動技術及語義識別能力得到提升。在教育領域，這些技術的提升將會使規模化的智慧測評走向現實，也會使人工智慧教育不斷進行商業落地開發。

在人工智慧教育全面來臨的時代，我們可以想像這樣一個場景：當學生在查詢自己的考試成績時，他看到的不再是一個分數，而是一個綜合的智慧測評。透過這份智慧測評，學生不僅可以了解自己對知識的宏觀掌握能力，還能夠清楚地了解自己的優勢及存在的學科缺點。這樣的智慧測評相當於為學生的學習能力進行了一次科學的「素描」，使學生能夠根據智慧測評，迅速查漏補缺，找到最合適的辦法，提高成績。

與其說這是想像中的場景，不如說這樣的場景已經逐漸開始成為現實。世界上許多先進的科技公司都在進行教育智慧測評的商業落地。例如，科大訊飛及 GradeScope 和 ETS（美國教育考試服務中心，也是世界上最大的私營非營利教育考試及評估機構）。

在國外已有許多智慧測評公司及相關的智慧測評案例。

GradeScope 就是一個典型的人工智慧作業批改工具。GradeScope 建立於 2012 年，起初是加州柏克萊大學生產的一個邊緣性的批改作業的產品。它的目的很明確，就是要進一步簡化作業批改的流程，讓老師有更多的精力進行教學回饋活動，使課堂效率更高。

GradeScope 本來是為高等教育研發的產品，如今，一些小學、國中、高中也開始使用它批改作業。

另外，美國的 ETS 也已經成功地將人工智慧引入 SAT 和 GRE 論文的批改工作中。這些人工智慧工具同人類一樣，也能夠合理地進行試卷的分析及批改。

在人工智慧時代，我們借助大數據優勢，透過對學生的學習資料進行綜合
分析，可以提高教學的科學性。同時，智慧測評技術的研發和相關工具的
應用，將會使老師的批改更有效率，講解更具有針對性，還能幫助學生對
症下藥，使學生進步更快，學習興趣更濃。

▌6.1.5 利用人工智慧演算法，降低教育決策失誤率

各行各業都十分關注人工智慧的發展，教育界也不例外，許多教育機構都
把目光放在人工智慧的發展上。「人工智慧 + 教育」已經成了業內人士的
共識。

人工智慧在 K12 教育層面是極為活躍的。各種教育機器人層出不窮，豐富
了學生的學習生活。如今，人工智慧也逐漸被用到大學入學考填報志願的
環節中。

談起大學入學考報志願，這無疑是令學生頭痛的問題。在志願填報環節，
凡是有過大學入學考經歷的學子，都曾感到焦慮與迷惑。權威調查報告顯
示，70% 的學生後悔自己當年所選的專業。

專業不對口，原因有很多。

一是自己在選擇專業時沒有主見，完全聽取父母或朋友的意見。而他們的
觀念未必能與時代接軌。

二是一味地報考當下熱門的專業，而自己卻對這一專業不感興趣，只是為
了將來有一份好工作。另外，當下熱門的專業也未必永久熱門。例如，環
保專業，在我們重視保護生態環境之前，一直是冷門專業，如今，這個專
業逐漸受到社會的重視。而電子商務專業，隨著網路經濟的崛起，也由冷
門專業變為熱門專業。

三是對未來的發展沒有進行科學評估，所以專業的選擇會存在一些偏差。

在人工智慧時代，我們將不會再有這麼多的疑惑，大學入學考報志願也不會再陷入「選擇困難」的旋渦。現在巨量的資料資源，為我們的專業選填提供了決策基礎；同時，人工智慧雲端運算能力的提升，能夠有效結合學生的學習特點、性格特點及未來社會發展的走向，為學生進行智慧化的專業推薦，便於他們找到最適合自己的專業和院校。

▌6.1.6 幼兒早教機器人，為早教開闢新思路

隨著物質水準的提升，人們對精神生活有了更高的要求。人們希望能夠過得更加舒適、更加有趣、更有質感。

如今，父母更是十分關注孩子的教育，希望孩子能夠有一個美好的未來。

現在有一些很普遍的說法，如「孩子的教育不能等」、「不要讓孩子輸在起跑點」等，於是早教逐漸火熱。

可是早教創業人員也有諸多困惑：如何更好地與孩子進行溝通交流？如何更好地讓他們在玩耍的時候收穫知識？如何使家長少花冤枉錢？如何才能最大限度地實現產品變現，最終盈利？

總之，創業初期，人們總是感覺迷茫、困惑。

在行動網路時代，許多業內人士都認為未來的早教在於行動化和智慧化的發展，於是許多早教機構都想盡辦法買進高品質的智慧產品。但業內不可避免地存在魚龍混雜的現象。有的早教機構發展得越來越好，有些早教機構卻無人問津，甚至有些早教機構存在諸多教育隱患，受世人指責。

在人工智慧時代，早教行業的門檻無疑將會繼續增高。早教機器人的門檻不僅僅在技術上，還在內容的生產及互動的方式上。

對於早教機器人未來的發展，EZ Robotics 的創始人張濤有著獨到的見解。他曾經提到，早教機器人在技術上具體涉及語音互動、機器人的動作和肢體語言互動等。拿語音互動為例，科大訊飛通用語義交流方案的場景往往

是比較固定的，直接拿語音技術與孩子交流肯定不行。比如，孩子喜歡聊小動物，科大訊飛肯定不會在小動物特定語義下做很深入的技術。創業公司只能把它的語音 SDK 拿過來再做二次深度開發，而肢體動作與機器人的自動控制相關，這個目前只能由創業公司自己做。

由此可知，一般的語音互動技術不能很好地適用於學齡前兒童。我們需要做的是進一步對低齡兒童的語音及肢體動作進行深入研究，開發出更加智慧的早教機器人，讓它理解低齡兒童的各種語言，從而進行更加有效的交流互動。

那麼應該如何另闢蹊徑，為早教機器人的發展注入新的活力呢？

其實，最核心的目標還是要提高大數據收集能力，收集更多的適合低齡兒童交流的訊息。早教機器人唯有足夠的資料訊息作為支撐，它才能夠理解兒童的基本需求。同時，在此基礎上，進一步提高雲端運算的能力。

例如，當低齡兒童打哈欠時，早教機器人就能感知孩子睏了，就可以立即為孩子放一些安靜的歌謠，迅速讓他們進入睡眠狀態。在睡覺時，孩子得到了休息，而且音樂感也能得到提升。

另外，早教機器人也要有很多動物的叫聲，以滿足低齡兒童的訊息交流和娛樂需求。低齡兒童雖然不會講話，但是他的眼睛不斷地觀察，大腦也在不停地思考。例如，當兒童初次接觸狗時，他可能不知道那是什麼物種，只是覺得牠是一個很有趣、很調皮的東西，於是就不斷將注意力放在狗身上。而被輸入狗叫聲的早教機器人在發現孩子注視小狗時，會主動發出狗的叫聲，那麼孩子就會感覺自己被理解了，就會手舞足蹈，就會感覺很快樂。這樣，低齡兒童就能夠健康活潑地成長了。

綜上所述，早教機器人的發展還是有比較廣闊的市場前景，但是目前早教機器人市場中的產品有好有壞，另外存在同質化的現象。對於這樣的現象，教育機構應該與科技業界強強聯合，打造出適應低齡兒童的早教機器人，從而取得更好的發展。

人工智慧與
教育場景相結合

人工智慧為教育賦能，市場前景將無限廣闊。但人工智慧的賦能必須與教育場景相結合，我們要找到具體的結合方法，否則一切都是空談。

人工智慧與教育場景相結合的方法，大致有五種，分別是與語音識別技術相結合，提高課堂效率；與圖像識別技術相結合，檢測學習的專注度；與自然語言技術相結合，幫助老師測評；與製作知識圖譜相結合，制訂學習計劃；與資料探勘技術相結合，分析學生優缺點。

▌6.2.1 語音識別技術，提高課堂效率

人工智慧專家李飛飛曾經這樣描述人工智慧：「人工智慧的歷史時刻就是走出實驗室，進入產業應用」。

如果人工智慧技術一直停留在科技的「象牙塔」中，不被應用，那麼就不會有任何價值。2019 年，語音識別技術、增強現實技術（AR）及人臉識別技術都取得了非凡的成就，可謂是大爆發、大發展的一年。

其中，語音識別技術的應用極其廣泛。無論是智慧型手機的語音搜尋功能，還是智慧音箱的智慧家居管理功能，都得到了長足的發展和不錯的應用。

在教育領域，語音識別技術也將會有更大的突破。其中，語音識別技術的不斷發展，使語言轉化為文字成為可能。在教學領域，老師的講解話語可以自動被識別，轉化成對應的話語。老師不需要再借助粉筆或白板筆等的傳統工具進行書寫，這就大大提高了講課的效率。

科大訊飛一直致力於語音識別技術的研發與創新，他們的技術已經實現了多重領域的突破，語音識別能力與語義理解能力已經大幅提升。例如，科大訊飛的語音識別技術在情感層面、節奏停頓層面及耐聽性層面都實現了巨大的突破。聲音聽起來十分自然，與人聲極其接近，這就為語音教學及語音測試等教學活動提供了強大的技術支撐。

具體而言，語音識別技術在教學層面有兩個強大的效果，如**圖 6-3** 所示。

圖 6-3 教學領域語音識別技術的雙重效果

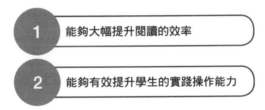

第一，能夠大幅提升閱讀的效率。把人工智慧科技融入語言教育中，透過強大的語音識別和智慧的語義分析，能夠使學生的閱讀能力大幅提升。

該語音系統採取分級閱讀的措施，給人工智慧型機器及演算法制定嚴苛的標準，對學生及閱讀素材制定嚴格的等級，用更科學性的方式提升學生的閱讀能力。

第二，能夠有效提升學生的實踐操作能力。把語音識別技術融入自然實踐中，可以為學生的學習提供具體的操作步驟。在一些理科類的學科中，有著明顯的效果。語音系統可以智慧地為學生講解實驗的操作步驟，學生可以根據指示完成相應的操作。一方面，這提高了學生的動手操作能力，另一方面也加深了學生對實驗內容的理解，提升了學習力，可謂一舉兩得。

綜上所述，語音識別技術在教學領域會有獨特的效果。它不僅可以將語言轉化為文字，提升學習效率，還可以提升學生的閱讀能力及實踐操作能力，這些能力對於學生的發展是大有裨益的。

▌6.2.2　圖像識別技術，檢測學習專注度

圖像識別技術作為人工智慧發展的新產物受到舉世矚目。從亞馬遜的無人超市到蘋果公司的人臉識別解鎖手機，人臉識別總是能夠給我們帶來驚艷的效果。

圖像識別技術能否應用到教育領域呢？它又能夠給我們的教學帶來什麼樣的效果呢？眾多教育機構都在不斷進行新的嘗試。

「好未來」教育集團（中國一家專為中小學學生提供課後教育的教育機構）率先將圖像識別技術應用於教學領域，取得了很好的成效。例如，在以「砥礪奮進的五年」為主題的成就展中，好未來憑藉「魔鏡系統」，引無數人圍觀。

童話故事中，有一個惡毒的皇后，她有一面神奇的鏡子。她只要對魔鏡說：「魔鏡魔鏡，告訴我，誰是世界上最漂亮的女人」，魔鏡就會告訴她相應的答案。

好未來的「魔鏡系統」也有著類似的效果。在好未來教育，老師如果向「魔鏡系統」提問：「魔鏡魔鏡，告訴我，誰是我們班裡學習最認真的孩子」，「魔鏡系統」就會把最認真的學生挑選出來，而且會把全班同學的專注程度按照由高到低的順序展示出來。

如此神奇的「黑科技」，自然離不開人工智慧的協助。

「魔鏡系統」基於人工智慧「黑科技」，能夠透過超清晰的攝影機捕捉到學生上課的一舉一動。例如，它能夠捕捉到孩子的任何一個細節，任何一個表情。這一系統不僅能夠捕捉到狀態及情緒，而且能夠透過資料的積累，製作屬於每一個學生專屬的學習報告。

透過這份學習報告，老師能夠隨時掌握課堂的整個動態，從而根據狀況及時調整教學的方式和節奏。同時，老師又能夠給予每一個學生充分的關注，從而理解每一個學生的學習特點，這樣在進行一對一輔導的時候，就

會更加有針對性。學生的學習熱情高漲，學習效率自然而然也有所提升，從而達到教育的個性化和人性化。

「魔鏡系統」的功能當然不止於此。它能夠根據學生的上課情況，判斷出學生對知識的理解程度，然後再智慧化地為學生布置相應的作業，這樣就很符合「因材施教」的教育理念。透過差異化的作業布置，學生的學習成績自然也會節節攀升。

「魔鏡系統」最重要的一點是尊重學生的隱私，充分展現教育的人性化特點，所有的「魔鏡系統」都低調地隱藏在各個場景背後，相當於潛伏在教室角落裡的一名偵探，暗地裡觀察學生的舉動，此舉並不會改變學生以前的學習習慣，不會讓他們置身於高科技的鏡頭下，感到緊張和不知所措。

綜上所述，把圖像識別技術應用於教學領域，必將會開啟奇妙的教學之旅。雖然目前仍然在試點，只有少數教育機構有這樣的技術，但是在不遠的將來，這項技術一定會在普通的校園裡落地，更多的學生將會享受到人工智慧帶來的好處。

┃6.2.3 自然語言技術，幫助老師測評

自然語言技術（NLP）是人工智慧領域一項比較核心的技術，這項技術比普通的語音識別技術需要更多的演算法支撐。如果自然語言技術應用於教育領域，會產生怎樣的智慧火花呢？朗鷹教育的自然語言技術在教育層面的應用將會給我們帶來別樣的答案。

朗鷹教育是一家中國的人工智慧科技公司，一直專注於自然語言技術和機器學習技術。從成立以來，公司就把目標人群鎖定在 K12 階段的學生，為他們提供網路英語教學的即時測評服務，最終提高他們的英語成績及英語口語能力。

在傳統英語教學中，學生的答題能力強，但是聽力差，口語水準更差，僅僅局限於「紙上談英語」。另外，一些學生由於英語成績差，在入學考試中失利，使他們喪失進取心，甚至輟學。總之，在應試教育的系統下，大多數學生都不認為學習英語是一件快樂的事情。

對於傳統英語教學中存在的種種弊端，朗鷹教育的 CEO 施丹有著比較深入的理解。她在一次訪談中提到，大部分英語老師在批改作文時總是心不在焉。他們不會逐字逐句地去斟酌用詞及語法，而是隨手給一個分數。比較認真的老師會給學生的優秀句子做一些顯眼的標註，只有自己有空的時候或心情好的時候，老師才把好學生單獨叫過來，進行輔導。另外，在應試教育下，只有極少數老師能夠對學生的英語作文進行全面細緻的審查。

面對種種不利於英語進步的現象，施丹認為，為英語教學注入人工智慧元素，將會有很好的效果，而且她始終對人工智慧在英語教學領域的應用，保持著樂觀的態度。

她指出：「人工智慧正在將老師從簡單重複的工作中解放出來，讓他們去思考對教育學生來說價值更高、更有意義的事情。」

與此同時，她還提出了一些獨到的見解。

她認為，朗鷹教育能夠提供巨量的全真題供考生練習，真題全部由外教錄製，人工智慧語音識別和語義分析技術幫助考生智慧糾音，考生還可以上傳自己的答案，進行一對一的學習。

這種智慧測評系統能否很快地提升學生的英語成績，能否提高學生學習英語的興趣就成了家長和學生最關心的話題。

對於大家的疑慮，朗鷹教育也給出了明確的回覆。如今，朗鷹旗下有一款名為「有氧英語」的智慧應用系統。該智慧應用系統是為 K12 階段學生量身打造的，集英語考試、測評、教學於一身。它同時包含三個子系統，分別是寫作自評價系統、自適應分級閱讀系統、有氧說霸系統。

關於有氧説霸系統，它的獨特性在於包含三個系列，分別是語音提升、場景工作階段和思想碰撞。這樣，學生就可以做到邊學、邊練、邊說，口語水準就會突飛猛進。同時，利用人工智慧技術，它能夠對學生的學習做出科學的評價，而且涉及聽説讀寫全過程。這樣就能幫助老師更好地測評，學生的學習成績自然也會大幅提高。

綜上所述，隨著人工智慧的發展，強大的自然語言技術在教育領域的應用，必然能夠幫助老師進行測評工作，給老師減負增效。最終提升教學品質，使師生雙方受益。

▌6.2.4 製作知識圖譜，制訂學習計劃

人工智慧已經滲透到生活、工作的各個方面，如果我們不提高自己的能力，制訂相應的學習計劃，那麼終將被時代淘汰出局。

制訂學習計劃的方法有很多，製作知識圖譜就是一個很有效的方法。在過去，在知識傳播、訊息傳播不是很迅速的年代，我們透過自建的知識圖譜，就能很快地掌握一門較為封閉的知識。可是隨著全球化的深入，知識經濟時代的來臨，僅憑個人的腦力去建立一個完善的知識圖譜就很不容易了。

在現代，知識圖譜的構建者不是人類，而是有超強運算能力的電腦。知識圖譜在本質上是一個關係鏈，是把兩個或多個孤單的資料聯繫在一起，最終形成一個資料的關係鏈。當然，在構建過程中，會用到很多演算法，如神經網路演算法、深度學習等。

一般而言，知識圖譜可以分為兩種，如**圖 6-4** 所示。

圖 6-4 知識圖譜的兩種類型

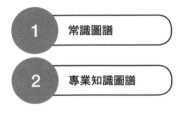

知識圖譜的構建越完整越好。一個優秀的知識圖譜必然包含優秀的常識性知識,同時,又涉及邏輯豐富的、有深度的專業性知識。這樣的構建相當於有理有據的議論文,有利於機器對知識圖譜的理解,從而最終理解使用者的需求。只有把我們的自然語言映射到相關的知識圖譜上,機器才能夠理解我們的話語,執行相應的指令。例如,你對著智慧型手機的語音系統說「幫我設定鬧鐘」,它就會直接進行相應的操作。這些都是知識圖譜構建後的結果。

由此可見,知識圖譜的構建對於機器學習十分重要。然而,知識圖譜的構建還處於初級階段。目前,人工智慧只能做到簡單理解,在推理及決策能力上還有很多不足。當然,這也意味著它有更廣闊的發展空間。

如今,只有用人工智慧為知識圖譜賦能,機器才能更好地理解我們的世界。同時,強大的人工智慧產品的問世也會讓我們的生活因科技而更加精彩。

在教育領域,製作知識圖譜必然會為學生帶來更加體系化、多元化的知識,學生的眼界才能夠與時俱進,跟上時代的潮流。

學生根據知識圖譜的智慧推薦,可以有效地制訂自己的學習計劃,這樣他們才會覺得時間被充分利用,而不是虛度光陰,也有一種學習的充實感和生活的愉悅感。

那麼,在人工智慧時代,如何構建知識圖譜呢?我們需要遵循三個步驟,如圖 6-5 所示。

圖 6-5 構建知識圖譜的三部曲

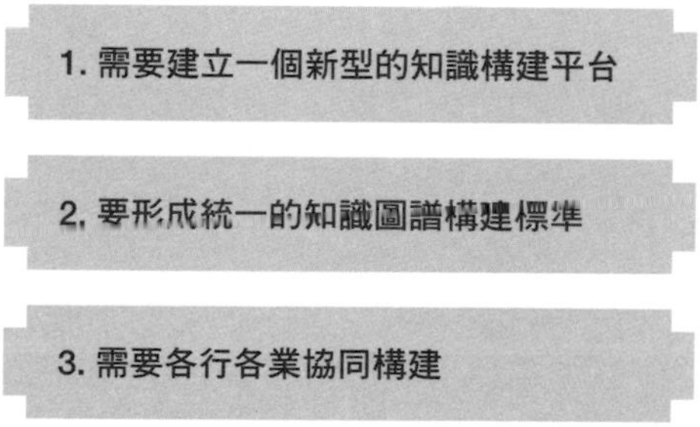

1. 需要建立一個新型的知識構建平台

2. 要形成統一的知識圖譜構建標準

3. 需要各行各業協同構建

第一，需要建立一個新型的知識構建平台。這個新型的知識構建平台其實就是一個全新的知識生態系統。在這個平台上，大家都能根據自己的知識，為知識圖譜添枝加葉。無論你提供的是常識性的知識，還是專業性的知識，最終匯集起來的力量必然是巨大的。

第二，要形成統一的知識圖譜構建標準。任何事情的發展都講究規矩。「無規矩不成方圓」，只有建立了統一的構建標準，知識圖譜的構建才會又好又快。

第三，需要各行各業協同構建。當下是共享經濟時代，只有懂得分享合作，才能共贏。知識圖譜的構建在本質上也不是難事，是需要各行各業的人士共同出謀劃策才能完成的。如果大家都樂於分享知識，那麼知識圖譜必然也會越建越宏偉。

綜上所述，知識圖譜的完善是人工智慧發展的一個關鍵要素。我們需要協同各方力量共同構建知識圖譜，使其為我們的教育事業服務。

6.2.5 資料探勘技術，分析學生優缺點

人工智慧發展的核心要素有兩個，分別是大數據和演算法技術。隨著技術的提升，雲端運算幾乎成了一種生產力。只要擁有核心技術人員的團隊，基本在技術上不會存在太大的問題。如今，大數據資源的完善與否才是產業發展好壞的關鍵壁壘。

在教育領域，同樣如此。只有擁有契合使用場景的資料，我們才能夠透過雲端運算進行深度挖掘，才能分析出學生的優缺點，從而因材施教。

智慧化的教育教學離不開精準有效的大數據的支撐。精準有效的大數據有三個顯著優點，如**圖 6-6** 所示。

圖 6-6 精準有效的大數據的三個顯著優點

> 1. 提供個性化問題講解

> 2. 提升課堂教學效率

> 3. 提升「人工智慧 + 教育」的水準

第一，提供個性化問題講解。利用精準的大數據，老師可以針對學生的特點進行個性化教學，可以更高效地進行培優補差的工作，最終實現精準化、智慧化教學。

第二，提升課堂教學效率。精準的大數據資源能夠為老師的備課提供科學的依據，從而使備課有方、上課有序，使學生的學習效果更好。

第三，提升「人工智慧 + 教育」的水準。在精準的資料應用中，會不斷地進行資料的疊代，從而不斷產生新的、更具體的資料訊息。如此良性循環，我們的智慧化水準會更高，最終將不斷提升「人工智慧 + 教育」的水準。

然而，我們不得不承認，目前，人工智慧在大數據領域還存在很多問題，無法達到最佳的效果。

大數據存在問題的原因有如下兩個：

- 大多數產品的大數據基數不足，導致分析結果不理想。

- 一些企業存在虛假宣傳的現象，資料造假。

另外，很多教育機構不能在現有的資料分析的基礎上生產更高品質的產品。同時，優質內容的缺失無疑會導致產品的同質化。

那麼，既然存在這麼多問題，在教育領域，我們該如何謀求產品的智慧化呢？

第一，必須切入教育的痛點之中，挖掘更加真實的資料，從而解決學生的問題。

第二，要在精準資料的基礎上，提高課堂效率，實現教育的智慧化。

綜上所述，在人工智慧助力教育的發展中，教育類企業要對大數據訊息進行深度挖掘，分析學生的優缺點，從而培優補差，給學生帶來更好的教育。

案例：
Abilix 教育機器人

在人工智慧時代，富含科技感的教育機器人正成為新興的教育方式，將逐漸出現在大眾的視野中，成為時代的寵兒。

總體來講，教育機器人融合了眾多先進技術。例如，機械技術、電子技術、遙感技術、電腦程式技術及人工智慧等。學生可以透過搭建、組裝及執行機器人來感知這些技術。充滿科技感的作過程能激發孩子的學習興趣與熱情，培養他們的綜合實踐能力及思考能力。這些都有助於孩子綜合科技素質的提升及更全面的發展。

對於教育機器人的發展前景，許多專業人士都持有樂觀的態度。

教育機器人學的創始人恽為民博士也有著樂觀的態度。1996 年，恽為民第一次在國際上提出了教育機器人的概念。同時，他也踐行了自己的理念，建立了世界上第一個教育機器人品牌——Abilix（能力風暴）。

恽為民認為，教育機器人是訓練成功能力的最佳平台，是培養科技素養的最佳平台，也是青少年最喜歡的玩伴。

在長達 23 年的時間裡，恽為民始終不忘初心，踐行自己的理念。他的團隊一直為生產出品質最好、智慧化程度最高的教育類機器人而不懈努力。經過數十載的辛勤耕耘，他們終於有了豐碩的成果。目前，他們已經與多家學校合作，並在學校建立了教育機器人實驗室。在實驗室裡，孩子能夠與機器人充分接觸，學習大量的科技知識，從而提高他們的動手實踐能力及其他綜合能力。現在，他們也在大力推出針對家庭的教育機器人產品。

在人工智慧時代，我們必須承認，與電腦的普及、網路的普及一樣，機器人走進校園、走向家庭已經成為大趨勢。同時，教育機器人也必然會帶來教育的全新改革。在這一技術的引導下，中小學的科技課程必然會有更多的樂趣，孩子也逐漸會由被動學習變為主動學習和基於樂趣的學習。最終，在教育機器人的潛移默化的影響下，孩子的綜合能力和資訊素養必定會有所提高。

綜上所述，人工智慧的浪潮已經席捲全球，教育機器人也必將如火如荼地展開。在人工智慧時代，社會需要的是創新能力強、科技水準高、人文素養高的綜合型人才。教育機器人的研發與應用，必然會使學生、社會受益。

chapter 7

智慧＋醫療：
革新醫療業，使人工
智慧成為爆發點

隨著人工智慧的發展，智慧產品也不再是科幻般的存在，而是逐漸與我們的生活息息相關。

在智慧化的今天，人工智慧在大數據領域及雲端運算的能力上具有先天優勢，已經帶動了醫療事業的迅猛發展。例如，人工智慧已經在醫學影像診斷、藥物研究及輔助醫生診療方面取得了進步。可想而知，人工智慧與醫療的結合，必然會革新醫療業，成為新時代人工智慧的爆發點。

醫療落地三大類型

「看病難、看病貴」是百姓一直關心的話題。隨著政策的扶持，人們也逐漸能看得起病了。可是在就醫方面，還存在一些問題。例如，從病人角度講，仍存在掛號難、排長隊、效率低等問題。從醫生角度講，還存在新藥物研發的週期長、醫療器械的精準性低等問題。

人工智慧在逐漸與醫療相結合。針對人工智慧醫療的商業落地問題，我們應該遵循三步走的落地策略。第一步，以接入產品落地為落腳點；第二步，以打造商業落地模式為發展點；第三步，以盈利能力落地為核心點。

▌7.1.1 接入產品落地

人工智慧若要在醫療領域落地，首先必須打造出全新的人工智慧醫療產品。打造人工智慧醫療產品的一個核心標準就是產品能夠有效地協助醫生。目前，在醫療領域落地的人工智慧產品也逐漸豐富起來，如醫療機器人、智慧藥物研發類產品及智慧影像識別類產品等。

人工智慧醫療產品落地需要兩個必要條件。

第一個條件是人工智慧醫療產品必須能夠解決人們的真實需求，如真實的需求場景、需求者的剛性強度等。只有能夠真正解決人們的剛性需求，產品的落地才會有市場發展前景。

第二個條件是人工智慧技術的強度及可操作程度。如果人工智慧技術只停留在科研層面，技術強度較弱，尚不具備開發的可能性，那麼人工智慧醫

療產品的落地也將是很困難的。此外，還需要綜合考慮技術的可靠性、穩健性及可提升性。

提到人工智慧醫療產品的商業落地，就不得不提最適合落地的三類產品，如圖 **7-1** 所示。

圖 7-1 最適合落地的三類人工智慧醫療產品

1. 能夠提高醫生診斷效率的產品

2. 能夠幫助年輕醫生提高臨床醫療水準的產品

3. 能夠輔助醫學進一步發展的產品

- 產品 1：能夠提高醫生診斷效率的產品。在就醫體驗中，最讓人們心煩的就是拖著沉重的病體，進行漫長的等待。雖然說看病需要花時間，但是，如果醫生不提高工作效率，讓病人進行漫長的等待，對病人也是一種折磨。如果一項人工智慧醫療產品能夠提高醫生的診斷效率及準確性，必然會大受歡迎。

- 產品 2：能夠幫助年輕醫生提高醫學實踐水平的產品。我們在就醫的時候，十分關心醫生的診斷能力。在中醫治病中，我們更希望「老中醫」給我們治病，因為他們的經驗豐富，治病效果好。可是年齡大的醫生一般精力有限，不能每天出診。一般在醫院中，能夠長時間掛號問診的都是年輕醫生。可是有些年輕醫生的實踐經驗不豐富，有可能會出現誤診等問題。如果一類人工智慧醫療產品能夠幫助年輕醫生提高醫學實踐水平，那麼必然會大受歡迎。

- 產品 3：能夠輔助醫學進一步發展的產品。例如，智慧藥物研發類產品、醫學影像識別類產品等。這些都能夠幫助醫生進行更高效、更智慧化的診斷。

讓人工智慧醫療產品落地，必須有適宜落地的場景以及更加成熟的人工智慧技術，必須能夠滿足患者的需求，三者缺一不可。

7.1.2 商業模式落地

無論是何種企業，在創業初期總是存在眾多難題，商業模式的選擇也是重要的一項。在人工智慧時代，在人工智慧醫療領域進行商業模式的選擇也是一個難題。

目前，直接面向 C 端（用戶端）的商業模式不太好確立，因為初創團隊沒有大數據作為支撐。另外，C 端領域也早已經被 BAT 牢牢掌握。與 TO C 端商業模式相比，TO B 端（商戶端）業務更容易開發，也更有開發的價值。從實際情況來看，很多人工智慧醫療初創團隊也都率先從 B 端進行開發。而且在 B 端，人工智慧醫療的商業落地已經存在四種發展較好的商業合作模式，如圖 **7-2** 所示。

圖 7-2 人工智慧醫療的四種商業合作模式

1. 與醫院進行商業合作
2. 與精密醫療器械公司進行商業合作
3. 與資訊公司進行商業合作
4. 與科研機構進行商業合作

- 模式一：與醫院進行商業合作。一般來講，與醫院進行商業合作有著較為嚴苛的要求，創業公司必須擁有強大的科技研發團隊，否則，很難與大型醫院進行合作。

- 模式二：與精密醫療器械公司進行商業合作。一般來講，與這類公司進行合作還是能夠盈利的。因為創業團隊只需為這類公司的產品提供更加智慧的科技，品質有保證即可，也沒有太過嚴苛的標準。

- 模式三：與資訊公司進行商業合作。與這類公司合作，能夠為初創團隊提供大量的商業訊息，如市場需求訊息、產品供給訊息等。這樣有利於他們進行市場布局，掌握全局。

- 模式四：與科研機構進行商業合作。如果你的初創團隊是一個有創新意識的團隊，卻沒有核心科技，那麼再好的想法也只能是幻想，不能成為實在的產品。與科研機構進行合作，可以借助它們的科技力量，把好想法轉化為美好的現實。或者它們也可以幫你的團隊排除一些不切實際的想法，讓你的決策更加高效。

同時我們要明白，並不是所有的領域與人工智慧的碰撞都能迅速產生完美的商業模式。在醫療領域進行人工智慧的商業探索會更加困難，因為醫療領域存在太多的不確定性，不利於商業開發。

目前，雖然已經出現了上述四種商業合作模式，但是人工智慧醫療創業團隊要實現迅速壯大，還存在四個成長痛點，具體內容如下：

- 需要醫療人士的協助，為我們提供更精確的人工智慧資料。

- 需要頂端醫療專家的深入配合，協助人工智慧醫療產品的研發。

- 需要醫療人員接納我們的人工智慧產品，推動產品進行商業落地。

- 需要植入到醫療場景中，讓消費者感受到產品的實際價值，最終促進商業模式的構建。

只有成功解決這些痛點，人工智慧醫療產品的商業開發才會暢通無阻。

綜上所述，人工智慧醫療商業模式的落地會是一個艱難的過程。但是，我們還要堅信，人工智慧醫療的社會價值會更大，我們要在進行商業開發的過程中，不遺餘力地挖掘產品的社會價值。一旦產生了良好的社會價值，它的商業模式自然也會水到渠成。

｜7.1.3 盈利能力落地

盈利能力落地是人工智慧醫療走向壯大的核心要素。如果不能進入盈利狀態，即使一些產品已經進行了落地開發，也難以取得進一步的發展。

目前，在人工智慧醫療領域，在影像識別、輔助診斷、精準醫療、藥物研發層面，基本上都已經進行了產品的落地開發。在所有層面中，輔助診斷的商業化程度最高，而且也有豐厚的利潤。但是，在其他層面的開發中，目前並沒有看到盈利趨勢。

關於人工智慧醫療的盈利能力，業內專家也是眾説紛云。

姜天驕是一位資深的醫療產業投資併購專家。對於人工智慧醫療的盈利能力，他有著清晰、科學、明智的觀點。他曾經談道，一個資本風口的週期大約為兩年，前兩年進行需求確認、技術實現，過兩三年測試收入流水、規模複製，再過兩三年產生淨利潤、延伸盈利模式，這樣的項目才是成功的項目，顯然人工智慧醫療難以這樣推進。

由此可見，實現產品的商業落地相對容易，實現產品的長久盈利卻很難。人工智慧醫療的盈利能力落地，更需要長久的觀察和反覆的實踐。

羽醫甘藍公司的創始人兼 CEO 丁鵬認為：「人工智慧醫療的價值是隱性的，盈利還需要等一段時間。資本之所以湧入人工智慧醫療這個風口，是因為人們看到了人工智慧在這個領域發揮的作用。創業公司一定要在細分領域、垂直領域做深做透，才能真正發揮作用，而不是一味地追逐資本。」

由此可見，人工智慧醫療的盈利具有滯後性。所以，面對人工智慧醫療投資的弊端，創業者也要擦亮雙眼，不能盲目跟風，一定要在細分市場、在垂直領域多下功夫。

目前人工智慧醫療還沒有非常成熟的盈利模式，我們需要在圖 **7-3** 所示的三個方面多做努力，爭取實現產品的盈利。

圖 7-3 開發人工智慧醫療盈利能力的三元素

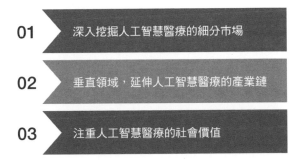

第一，深入挖掘人工智慧醫療的細分市場。雖然人工智慧醫療現在還是藍海市場，但是只做一些簡單粗放的人工智慧醫療產品是不具有競爭力的。例如，膚淺地將語音互動技術應用於醫療領域，只是做做樣子，雖然帶著人工智慧的光環，但是沒有為患者帶來實際的療效。

在細分領域深入挖掘，就是要找到人工智慧醫療的核心點、盈利點進行挖掘。例如，初創公司可以在醫療機器人、輔助診斷等核心領域進行深度開發。只有在這些領域開發出功能完善的產品，才會得到醫療界的支援，才會得到廣大患者的支援，最終才能占有市場，獲得盈利。

第二，垂直領域，延伸人工智慧醫療的產業鏈。只有產業鏈足夠完善，才會有更強的使用者黏度，才會有更多的盈利機會。具體來講，在人工智慧醫療領域，初創團隊既要在源頭利用人工智慧技術進行藥物研發，又要在就醫過程中，利用人工智慧技術開發更加精密的醫療器械，還要在服務領域，開發人工智慧醫療服務機器人。只有在產業鏈的各個層面進行深入挖掘，最終才能夠獲得利潤。

第三，注重人工智慧醫療的社會價值。在人工智慧醫療領域，創業者要更加重視人工智慧的社會價值。唯有率先實現人工智慧醫療的社會價值，才會逐漸實現它的商業價值，而且會持續盈利。

綜上所述，人工智慧醫療的盈利落地過程是漫長的，我們希望初創團隊在注重社會價值的情況下，充分利用大數據，深入挖掘細分市場，讓人工智慧醫療真正為百姓謀福利，最終實現盈利，達到雙贏。

人工智慧與醫學相結合的領域

人工智慧已經成為時代潮流,社會上的各行各業也競相在趕風潮。在醫學領域,憑藉人工智慧的強大技術,必然會產生更多有益於人類健康的產品。

目前,在人工智慧技術與醫療融合的浪潮中,已經有了許多造福人類的應用。典型的應用有五種,分別是醫療機器人、人工智慧精準醫療、人工智慧輔助診斷、人工智慧藥物研發和人工智慧醫學影像識別。

7.2.1 醫療機器人

隨著人工智慧的火熱,各種機器人層出不窮。在生活領域,有掃地機器人;在金融領域,有金融服務機器人;在軍事領域,有拆彈機器人;在刑偵領域,有刑警機器人。

在醫療領域,自然也有各種機器人。借人工智慧之力,醫療機器人步入了快速發展的階段,醫療機器人的應用場景也走向了多元化。目前,醫院內的醫療機器人功能各異,不但有手術機器人,還有康復機器人、醫學實驗機器人、醫療服務機器人等。

MarketsandMarkets(全球第二大市場研究諮詢公司)預計,在 2020 年左右,醫療機器人的全球市場規模有望達到 114 億美元。在所有醫療機器人中,手術機器人仍將處於主導地位,大約占據 60% 的市場佔有率。

由此可見,醫療機器人的發展前景很好。

醫療機器人的生產投入將會給醫生帶來便利，也會給病人帶來希望。醫療機器人有如下三個顯著的作用：

（1） 使醫生有更多的精力為重病患者服務。

由於病人眾多，醫生每天都要進行高強度的工作。為了提高診斷的效率，對於一些小病，有的醫生只是根據自己的經驗來抓藥，而沒有認真地進行診斷。醫生看病的時間短是比較不好的現狀。由於沒有深入診斷，一些症狀看似是小病的表現，最終可能會引起重大疾病。

針對這一現象，醫療機器人的應用將會給病人帶來希望。隨著人工智慧技術的成熟，各種功能診斷型機器人也將相繼問世。它們有望成為醫生的合作伙伴，幫助醫生進行診斷前的詳細問診及自動化檢測工作。

例如，把人工智慧語音技術應用到醫學領域，就能打造出一個智慧語音醫療服務機器人。這台智慧語音醫療服務機器人能夠像人類醫生一樣與病人親切地交談，它能夠在詳細詢問病情的基礎上，再進行症狀的判斷，最終為病人提供個性化的治療方案。

這樣，病人就可以愉悅地與醫療機器人進行溝通。同時，病人在體驗過程中，也會有一種新鮮感和輕鬆感，這也有利於他們病情的好轉。當然，這些小病如果都經由醫療機器人，那麼醫生就可以為那些患重病的病人提供更多的服務。

（2） 醫療機器人借助人工智慧技術，擁有巨量的醫學知識及豐富的「臨床診斷經驗」，這有助於增強醫生診斷的精準度。

醫療機器人憑藉巨量的資料庫及超強的雲端運算能力，能夠科學合理地為病人診斷。醫生在其幫助下，有利於對患有疑難重症的病人進行診斷。

（3）　醫生有更多的時間與病人互動。醫療機器人的到來，將有效紓解緊張的醫患關係。醫療機器人擁有高 EQ，對於病人的提問有問必答，它們還能透過視覺感知技術來了解病人的心情。當病人不開心的時候，醫療機器人還會説一些有趣的笑話或勵志的故事，讓病人振作起來。

綜上所述，醫療機器人不僅有良好的發展前景，也因其獨到的作用，將會為醫生和病人帶來更好的服務。

7.2.2　人工智慧精準醫療

實現精準醫療一直是醫生的夢想。「望聞問切」是古人追求精準醫療的必要行醫手段。

自古以來，名醫總是希望透過「望聞問切」看清病人的病根。可是隨著時代的發展，細菌、病毒也在不斷升級，僅憑「望聞問切」已經無法解決更複雜的疑難雜症，如腫瘤疾病等。

由此，現代意義上的「精準醫療」理念就應運而生了。

總體來講，精準醫療是伴隨著生物資訊技術與大數據技術的發展而產生的一種新型醫療模式。精準醫療遵循基因排序規律，根據個體基因的差異進行差異化的醫療，能又好又快地減輕病人的痛苦，達到最佳的治療效果。

精準醫療的發展離不開生命科學、資訊技術及臨床醫學的不斷進步。可以説這三門科學是精準醫療發展的三頭馬車，如圖 7-4 所示。

圖 7-4　支撐精準醫療的三頭馬車

在這三頭馬車中，資訊技術，也就是網路新科技，在人工智慧時代主要是指人工智慧新科技。隨著精準醫療的不斷發展，現在的發展瓶頸主要在資訊技術領域。

目前我們對更進階的人工智慧醫療的需求走在技術的前面，現有的網路技術難以滿足人工智慧醫療對龐大運算量的需求。除了人工智慧科技本身面臨的挑戰，資料的深度挖掘也是精準醫療發展的瓶頸之一。

另外，在人工智慧醫療研發的過程中，目前依然面臨兩個重大的挑戰，分別是如何讓人工智慧醫療機器擁有龐大的「醫學知識庫」，以及如何讓人工智慧醫療機器用「醫學大腦」解決問題。

挑戰一：如何讓人工智慧醫療機器擁有龐大的「醫學知識庫」。相關科學人員已經採取了多種方案來解決這一問題。

例如，利用傳統的搜尋方案，構建結構化的醫學知識庫。可是這種方法不夠智慧，因為醫學知識是十分複雜的。近幾年，相關科研人員也在利用知識圖譜技術來解決這一問題，但是仍難以描述巨量的醫學知識。

研發團隊屢敗屢戰，最終提出了一套新的方法，這套方法名為「語義張量」。讓人工智慧醫療機器學習醫學本科的全部教材、相關資料及臨床經驗，用「張量化」的方式進行表示，最終使其擁有龐大的醫學知識庫。

挑戰二：如何讓人工智慧醫療機器用「醫學大腦」解決問題。這是人工智慧醫療機器人能否實現精準醫療的關鍵。

科研團隊由此提出了眾多的語義推理方法，如關鍵點語義推理、證據鏈語義推理等。透過多元推理方法的融合，讓人工智慧醫療機器能夠聽懂人們的語言。它能夠根據人們的話語進行多層次的推理，從而像人類醫生一樣擁有「大腦」，進一步為病人服務。

當然，它的「腦力」智力值，並非局限於理解病人的語言，而是能夠透過對病人的全面觀察，了解他的核心病症。在此基礎上，憑藉精密的醫療器械，對病人進行治療，這能大幅減輕病人的痛苦，有效地治療病人的病症。

綜上所述，精準醫療是醫學發展的必然產物，是科技進步的必然要求，我們必須繼續發展人工智慧技術，讓人工智慧新科技憑藉強大的演算法及巨量的資料，為精準醫療提供強大的智力支援，為精準醫療事業的發展保駕護航。

7.2.3 人工智慧輔助診斷

在輔助診斷方面，人工智慧有著強大的功效。例如，人工智慧技術可以憑藉強大的演算法迅速收集巨量的醫學知識。同時，人工智慧技術在此基礎上進行深度學習，即在醫學層面對巨量的資料進行結構化或非結構化的處理，從而使自己快速成為某一醫學領域的專家。

人工智慧醫療機器還可以模擬醫生的診斷思維，科學地進行診斷。大數據技術及雲端運算能夠大幅度提高它的診斷準確率，從而輔助醫生進行醫療診斷。

伴隨著人工智慧技術的提升，人工智慧視覺識別技術也取得了長足的發展。如今，人工智慧醫療機器不僅能夠「聽懂」、「讀懂」我們的話語，還能夠「看懂」我們的各種疾病。例如，醫學影像識別技術就能「看懂」我們的病症，並在此基礎上為醫生提供合理的解決方案，從而協助診斷。

從事人工智慧輔助診斷的公司有很多，IBM 就是典型的人工智慧科技公司。IBM 旗下有一個名為 Watson 的系統，被稱為最強大的電腦認知系統。當然，Watson 的強大也依附於先進的人工智慧技術。同時，Watson 是全球唯一能夠透過實證，為醫生提供治療方案或治療建議的人工智慧。

目前，Watson 系統能夠支援 11 種癌症的輔助診療，如直腸癌、肺癌、胃癌、肝癌等。而且它的輔助治療能力也在不斷進步，未來，它的治療範圍將會進一步擴大。

Watson 智慧系統的開發，使我們的醫學治療進入了智慧診療的新時代。我們借助人工智慧技術，透過巨量的資料資源，能夠有效提高醫生的決策力，提高治療的準確性。

綜上所述，在人們對於醫療的新的需求下，科研機構要繼續研發更加智慧的人工智慧系統，輔助醫生進行診斷，更好地為病人服務。同時，如果有好的療效，那麼人工智慧醫療的商業落地自然也會水到渠成。

7.2.4 人工智慧藥物研發

人工智慧藥物研發，是指利用人工智慧中的深度學習技術，透過大數據對藥物成分進行分析，從而快速精確地篩選出最適宜的化合物或其他藥物分子。利用人工智慧進行藥物研發能夠達到縮短研發週期、降低成本、提高研發成功率的目的。

眾所周知，在醫藥領域，進行新藥研發是一件很困難的工作。

傳統的藥物研發的困難體現在三個層面。第一，藥物研發比較耗時，週期長；第二，藥物研發的效率低；第三，藥物研發的投資量大。

權威調查資料顯示，在所有進入臨床實驗階段的藥物中，只有不到 12% 的藥物最終能夠上市銷售，而且一款新藥的平均研發成本高達 26 億美元。

由於以上三個層面的問題，再加上測試的成本越來越高，越來越多的藥物研發企業將研發重點轉向人工智慧領域。而且利用人工智慧技術，他們也可以對藥物的活性、藥物的安全性及藥物存在的副作用進行智慧的預測。

藥物研發企業都希望透過人工智慧技術來提升藥物研發的效率，從而節省投資與研發成本，取得最好的研發效果。目前借助深度學習等演算法，人工智慧已經在抗腫瘤藥物、抗心血管疾病藥物等常見疾病的藥物研發上取得了重大突破。同時，利用人工智慧研發的藥物在抗擊伊波拉病毒的過程中發揮了重要作用。

目前，在人工智慧藥物研發層面，比較頂尖的公司有 9 家。這些公司大部分都位於人工智慧技術發達的英國和美國，如**表 7-1** 所示。

表 7-1 世界頂尖的 **9** 家人工智慧藥物研發公司

排名	公司名稱及其所在地
1	Benevolent 人工智慧公司，位於英國倫敦
2	Numerate 公司，位於美國聖布魯諾
3	Recursion Pharmaceuticals 公司，位於美國鹽湖城
4	Insilico Medicine 公司，位於美國巴爾的摩
5	Atomwise 公司，位於美國舊金山
6	uMedii 公司，位於美國門洛帕克
7	Verge Genomics 公司，位於美國舊金山
8	TwoXAR 公司，位於美國帕洛阿托
9	Berg Health 公司，位於美國弗雷明翰

這些人工智慧藥物研發公司都是創新型企業。最早創立的是 Berg Health 公司，於 2006 年成立，至今也只有 13 年的時間。最晚創立的是 Verge Genomics 公司，成立於 2015 年。它的人工智慧研發藥物主要用來治療帕金森氏症和肌萎縮性脊髓側索硬化症，著名的科技巨匠霍金就是肌萎縮性脊髓側索硬化症患者。

在這些人工智慧藥物研發公司中，最亮眼的是 Benevolent 人工智慧公司。它是歐洲最大的人工智慧藥物研發公司。Benevolent 人工智慧公司成立於 2013 年，雖然建立時間較晚，但後來居上。目前，該公司已經研發出了 24 種新興藥物，有的已經在臨床中得到了應用。

談到 Benevolent 人工智慧公司的藥物研發成就，就不得不提它的人工智慧技術平台。它的人工智慧技術平台能夠利用雲端運算技術及深度學習演算法，從雜亂無序的巨量訊息中獲得有利於藥物研發的知識。在此基礎上，進一步提出新的藥物研發假說，最終驗證假說，加速新品藥物研發的行程。

當然，對於人工智慧藥物的研發，科研界的人士並不是一味地看好。

Derek Loewe 是一位長期從事藥物開發工作的科技人員，他對人工智慧研發持有懷疑的態度。他在 Science 的個人部落格中寫道，「從長遠角度來看，我並不覺得這個東西是不可能的。但是如果有人告訴我，他們能預測所有化合物的活動，那麼我可能會認為這是在胡說八道。在相信他們之前，我想看到更多證據。」

確實，以目前的人工智慧技術而言，人工智慧藥物研發的成果有限。在沒有取得更多的成果時，藥物研究科學家的存疑還是有一定的道理，但是這只是一種暫時的現象，我們應該相信科學，相信人工智慧能夠使我們更健康、更長壽。

為了確保人工智慧藥物研發的效率與品質，我們需要在**圖 7-5** 所示的三個方面做好把控。

圖 7-5 人工智慧藥物研發的三元素

第一，大數據要精確高品質。大數據是所有人工智慧企業發展的必要支撐，如果沒有精準的大數據，一切都是空談。對於人工智慧藥物研發企業來講，更需要做好高品質的資料積累。良好的資料庫能夠為藥物的研發提供更加準確的藥物學資料，當人工智慧進行深度學習時，會有更好的效果。

第二，積極培養新藥物的市場。有了好的市場前景，研發機構自然就會積極進行人工智慧藥物的研發。在培養新藥物的市場時，企業需要積極透過新媒體渠道進行宣傳，或者與權威醫療機構合作，人工智慧藥物才會迅速在市場上獲得積極反響。

第三，積極培養人工智慧藥物研發人才。目前，雖然人工智慧的專家不是很缺乏，但是人工智慧藥物研發的專業型人才還很稀缺。因此，無論是從教育角度還是科學研究角度來說，都要積極培養這類人才。在培養的過程中，要給予他們充分的資金支援及人文關懷，這樣他們的研發動力才會更強。

綜上所述，傳統的藥物研發存在一些難以彌補的缺點，我們需要用人工智慧技術為其發展注入新的活力。同時，在人工智慧藥物研發的過程中，企業要牢牢把握資料關、市場關及人才關，這樣才能更長遠地發展。

▎7.2.5 人工智慧醫學影像識別

現在，看醫學影像無疑成為醫生診斷病情的一項重要依據。可是在現實生活中，醫生每天要看上百張醫學影像，難免會心有餘而力不足。人會因為體力、精力等原因，造成誤診，可是人工智慧型機器不會疲憊，而且總是處於「精力充沛」的狀態。

隨著人工智慧在圖像識別及深度學習等方面的突破，這些技術已經被應用於醫學影像識別領域，能幫助醫生進行診斷，而且準確率相當高。

目前，人工智慧對肺病、胃癌、乳腺癌等病種的醫學圖像檢測效率已經大大提高。而且在圖像識別精度上，人工智慧已經可以與專家相媲美，甚至超越權威醫生的水準。例如，在肺病檢查領域，在面對超過 200 層的肺部 CT 掃描影像時，專業醫生進行人工篩查的時間為 20 分鐘，甚至更長。但是在人工智慧賦能的情況下，智慧掃描機器的篩查時間只有數十秒。

人工智慧醫學影像識別技術的工作原理如下。首先，人工智慧會收集大量的影像資料，然後進行深度學習，對醫學影像特徵進行感知，識別有效的訊息，最終擁有獨立的診斷能力。當人工智慧為醫療影像識別賦能時，醫生就能把更多的時間投入到更具有科研性的項目上，醫療能力也會越來越強。

在人工智慧醫學影像識別領域，科大訊飛走在時代的尖端，不僅利用人工智慧醫學影像識別技術成功識別肺結核疾病，而且讀片準確率高達 94.1%。

對於人工智慧醫學影像識別技術，科大訊飛的董事長劉慶峰說：「根據科大訊飛在安徽省立醫院等三甲醫院的測試結果，人工智慧對肺結節的判斷已經達到了三甲醫院醫生的平均水平。今後隨著該技術的不斷進步，它可以幫助醫生更快、更準確地讀片，從而減輕醫生的工作強度、提高診斷水平。」

綜上所述，人工智慧醫學影像識別技術在醫療領域的應用空間還是很大的。無論是在早期診斷方面，還是在輔助決策與治療方面，它都取得了不錯的效果，而且識別效果能夠達到專業醫生的水準。

案例：
SmartSpecs 智慧眼鏡

視力受損是一件令人痛苦的事情，嚴重的視力受損會導致失明。過去，沒有先進的裝置，盲人只能停留在永遠的「黑暗」之中。他們只能借助木棍進行探路，或者透過導盲犬的牽引進行日常活動。

盲人有先天性和後天性之分。後天性盲人其實並非「完全失明」，他們仍然存在光感，仍然保留了微弱的視力，只是眼前一團模糊、不能識別人的面孔而已。在低光條件下，他們的視覺能力會繼續下滑。

後天性盲人可以借助一些輔助性工具幫他們「觀察」世界，例如，有幫助盲人躲避路障的智慧相機、專供盲人使用的特殊鍵盤等。

其實眼科領域的專家一直都不曾停止研究工作，總是想盡一切辦法研發新的產品，使盲人的生活更加方便。

隨著人工智慧時代的到來，當科研人才與醫學頂尖人才相互交流後，往往會產生新的靈感，催生新型的高科技產品。SmartSpecs 智慧眼鏡就是這樣產生的。

SmartSpecs 智慧眼鏡是由初創公司 VA-ST 所開發，這款智慧眼鏡可以利用增強現實技術，幫助視力受損的人看得更清楚。

VA-ST 公司是從牛津大學起步的一家科技型初創公司，公司的聯合創始人是史蒂芬‧希克斯博士。希克斯是牛津大學神經科學和視覺修復的研究人員，他一直都比較關注視力受損的人的生活，希望能夠生產出一款高智慧的裝置幫助他們，讓他們的生活更加便捷。

VA-ST 公司就是在這樣的願景下成立的。希克斯與他的團隊攻堅克難，終於打造出了 SmartSpecs 智慧眼鏡。這款智慧眼鏡能夠在黑、白、灰等色彩的基礎上，配合一些細節來顯示我們周圍的世界。而且這款眼鏡還使用了深度感測器及相關軟體，能夠透過突顯模式來顯示附近的人或物體。

雖然這款眼鏡並不能幫助視力受損的人復原視力，但是他們能夠在智慧眼鏡的幫助下，使現有的視力達到最好水準，這有助於他們了解周圍的環境。

希克斯曾經這樣評價這款智慧眼鏡：「這種智慧眼鏡會給視力受損的人提供幫助，幫助他們了解周圍的世界。」

一副 SmartSpecs 智慧眼鏡上有三個攝影感測器、一個處理器及一個螢幕。雖然結構很複雜，但是很容易佩戴。另外，SmartSpecs 可以與 Android 系統完美配合。我們可以借助 Mini 投影機把處理過的圖片投放到鏡片上，同時佩戴眼鏡的人可以對這些圖片進行放大或縮小，從而查看更多周圍環境的細節。此外，針對不同使用者，SmartSpecs 還提供了風格各異的訂製功能，能夠滿足人們多樣化的需求。

例如，對於色彩對比度不敏感的人，SmartSpecs 智慧眼鏡能夠將周圍的環境轉換成由色彩構成的圖片，同時顏色的對比度會增加，這樣就能夠最大化地幫助他們看到物體的大致輪廓。

如今，這款智慧眼鏡已經展現出了巨大的市場號召力。

但是，這款智慧眼鏡仍然存在一些缺點。例如，產品的構成相對複雜，不夠精緻；在功能上，它暫時不能與長距離的深度攝影機配合，視力範圍相對狹窄；在價格上，由於研發成本高，售價還是比較昂貴的，不能被大眾接受。

針對以上缺點，希克斯表示：「目前最大的挑戰就是讓長距離的深度攝影機也能夠和 SmartSpecs 完美配合，我們正在測試 15 英尺範圍的攝影機。另

一項挑戰就是讓 SmartSpecs 變得更加輕巧，更加好看。關於價格，我們會進一步降低研發成本，將售價儘量控制在 1000 美元左右。由於這個裝置有助於識別附近的東西，可以真正地讓它在眾多智慧裝置中脫穎而出。」

總之，隨著人工智慧技術的發展，這款智慧眼鏡的功能將會日益完善，也將會給更多視力受損的人帶來福音。

chapter 8

智慧＋金融：
創新智慧金融產品和
服務，發展金融新業態

金融領域是人工智慧最好的商業落地場景之一。
一是在金融領域內存在大量的資料，二是金融
領域的從業者向來重視資料的積累，也總是率先將先
進的技術應用到金融統計或其他金融服務中。

從整體來看，人工智慧將憑藉深度學習技術、知識圖譜
及自然語言處理技術，推動智慧金融的進一步發展。

從本質來看，金融業務或服務仍離不開人與人之間的
交流。人工智慧使服務的效率更高，服務將會更智
慧、更人性化，最終加深客戶對金融機構的依賴度，
打造出一套全方位的智慧金融生態體系。

金融領域可應用的 人工智慧技術

Section 8-1

人工智慧作為近年來最前沿的科學技術,承載了人們對美好生活的無限嚮往。在金融領域,人們更加期盼高效率、高品質、人性化的智慧金融服務。

雖然人工智慧技術必將改變金融市場、金融形態及金融服務,但目前人工智慧技術仍處於起步期,需要各行各業的專家出謀劃策,一起打造美好的智慧金融生活。

從技術角度來看,金融領域可應用的人工智慧技術有三種,分別是深度學習、知識圖譜及自然語言處理。

8.1.1 深度學習

深度學習是現階段電腦學習演算法中比較進階、比較先進、比較智慧的一種演算法。

金融界人士認為,深度學習演算法非常適合應用於金融場景,因為深度學習演算法能夠在干擾因素極多、變數條件非常複雜的情況下,進行高智慧的深度處理,這一特點與金融市場完全吻合。金融市場也總是面對著多變的社會環境和複雜的政策,傳統的金融計量方法現在已經過時了。深度學習的注入,無疑會使金融預測及金融方法的改良產生明顯的變化。

深度學習與金融領域相結合有著巨大的優勢,主要體現在四個層面,如**圖 8-1** 所示。

圖 8-1　深度學習應用於金融領域的四大優勢

1　自主智慧地選擇金融資訊，預測金融市場的運作情況

2　深度挖掘金融領域的文字資訊

3　輔助投資者改善交易策略

4　涵蓋面廣，關注眾多潛在的小額投資者

第一，自主智慧地選擇金融訊息，預測金融市場的執行情況。

金融證券業易受到社會事件及人們心理因素的影響。具體來看，當政策發生改變時，證券的價格也會隨之漲跌。另外，人們有從眾心理，容易在投資、買股過程中產生跟風行為，然而，有些跟風行為確實是不明智的。有些人正是因為盲目投身於股市，跟風投股，最終賠了本錢，負債纍纍。

深度學習的應用，將會有效解決類似的問題。深度學習基於循環神經網路演算法，能夠智慧地利用自然語言處理技術，準確把握社會狀況及輿情進展。在此基礎上，我們再提取出可能影響金融走勢的事件，並讓人們注意到，最終合理規避這一事件，使金融投資盈利。

在金融領域，對未來金融產品價格的預測一直是熱門話題。在 PC 時代早期，機器學習演算法也曾經被應用於金融領域。隨著技術水準的提升，越來越多的專家也開始利用深度學習模型提高預測的精確性。而且，目前在對價格變動方向和變動趨勢的預測上，已經有了明顯的效果。例如，深度信念網路訓練機器可以幫我們智慧地預測、篩選日常交易資料，並為我們的相關決策提供資料支撐。

第二，深度挖掘金融領域的文字訊息。

文字挖掘是金融訊息分析的重要一環，影響著我們的金融決策。隨著時代的進步、網路的迅猛發展，以及人工智慧技術的初步應用，訊息的傳輸速度已經取得了質的飛躍。如今，我們已經走在了「訊息的高速公路上」，步入了「訊息爆炸」、「知識爆炸」的時代。但這並不意味著訊息處理能力的飛躍，在金融領域，訊息處理能力仍然是缺點。

深度學習的應用，將會有效提高文字挖掘的能力，助力我們進行金融決策。深度學習演算法基於神經網路演算法，能夠在非線性的市場環境下，智慧地提取出文字內的有效訊息，使金融決策不再難。

第三，輔助投資者改善交易策略。

在金融領域，現代投資風險管理中的一個重要問題就是投資模型同質化。投資模型同質化有兩個危害。一方面，微觀投資者使用同質化的投資模型，會嚴重影響其投資的收益率；另一方面，投資者在宏觀市場使用同質化的投資模型，市場將會缺少流動性，在經濟危機時會引起更嚴重的後果。

深度學習演算法能夠有效解決這一問題。深度學習演算法能夠綜合公司的發展狀況，投資產品的未來效益，以及使用者對產品的未來需求，智慧地推薦出差異化的投資策略，使投資者的投資效益最大化。

第四，覆蓋面廣，關注眾多潛在的小微投資者。

一般而言，金融機構更喜歡高收入人群。然而，高收入人群卻有著相反的做法，他們更傾向於透過私人銀行進行理財，這樣能夠形成一種長久的合作關係。

金融機構一般都不太喜歡小微投資者，他們對小微投資者總是小心謹慎，也一直抬高投資門檻。金融機構認為，這類人群人均資產相對較低，不容易取得高額的投資回報。

可是，金融機構忽視了很重要的一點：小微投資者數量眾多。在大數據技術被廣泛應用的今天，透過歷史資料，金融機構可以分析出小微企業的盈利狀況，從而對其進行投資。長期利用深度計算下的大數據技術，能夠使金融機構更加關注處於長尾鏈條中的小微投資者，從而實現精細化的投資，投資回報率也能透過量的積累達到質的飛躍。

綜上所述，深度學習在金融領域的應用，將會是一件百利而無一害的事情，能夠使投資者明確投資方向，使小微投資者獲利，最終實現企業與金融機構共同盈利。

▌8.1.2　知識圖譜

知識圖譜的定義如下：是 Google 用於增強其搜尋引擎功能的知識庫。

知識圖譜在本質上是一個關係鏈，是把兩個或多個孤單的資料聯繫在一起，最終形成一個資料的關係鏈。當然在構建過程中，我們會用到很多演算法，如神經網路演算法、深度學習演算法等。如今，知識圖譜泛指各種大規模的知識庫。

知識圖譜在金融領域也有著獨特的功能，如圖 **8-2** 所示。

圖 8-2　知識圖譜在金融領域的應用

知識圖譜能在金融領域做什麼？	
・傳統數據終端的加強或取代	・自動化監管和預警
・金融搜尋	・自動化審計
・金融問答	・法規和案例搜尋
・公告、研究報告摘要	・自動化合規檢查
・個人信貸反詐欺	・產業鏈自動化分析
・信貸準備自動化	・跨市場對標
・信用評級數據準備自動化	・行銷和客戶推薦
・自動化報告	・長期客戶顧問
・自動化新聞	

第一，知識圖譜的應用能夠解放人力，替代一些簡單重複的金融勞動，如金融搜尋與金融問答。

第二，知識圖譜的應用能夠提高工作效率。透過智慧資料的分析，智慧金融能夠自動生成報告及新聞，另外，可以自動進行監管和審計。

第三，知識圖譜的應用能夠提高金融客服質量，提高使用者滿意度。知識圖譜能夠對產業鏈進行自動分析，智慧推薦客戶並進行行銷，成為客戶的長期顧問，增加客戶的依賴度。

總之，知識圖譜在金融領域的構建，是一種自下而上的構建方式。我們能夠從既有資料中總結提取結構化資料，優點是循序漸進，便於商業落地。借助知識圖譜，我們的金融業務的處理能力將會提高。

▍8.1.3 自然語言處理

自然語言處理（NLP），就是讓電腦理解人類的自然語言，並且能夠進行智慧的分析與操作。也許單講概念，大家會覺得很生硬，也很無趣。其實，NLP 就在我們的周圍，已經融入了我們的生活。例如，Google 的搜尋引擎及 Google 翻譯，就是典型的 NLP 的實際應用。

在金融領域，如果我們能夠充分利用 NLP 技術，將會大幅度提高工作效率。總之，財經訊息更新速度較快，財經領域的工作者必須在無盡的資料中掙扎，力求取得最準確的資料，得出有效的結論。

目前，在金融市場出現的 NLP 應用，按照功能大致可以分為三類，如圖 8-3 所示。

圖 8-3 NLP 在金融市場的三大功能

第一，金融訊息覆核。在金融業務中，覆核就是校驗交易。在對公業務中，訊息覆核量超大。對公業務量大而且金額數量巨大，因此就需要多名員工進行大量金融訊息的覆核。

然而，NLP 技術的應用，將會大大減少人員投入，同時提高覆核的準確性。NLP 技術基於特有的語言讀取與語義理解技術，能夠模仿人類進行訊息的高效審核。同時，電腦不需要休息，所以，能夠無眠無休地進行金融訊息的覆核工作。一方面，這會為金融工作者解壓；另一方面，這也會讓金融工作者把工作的重心轉移到為客戶服務上，或轉移到其他更有價值的工作中。

第二，垂直搜尋。我們以物聯網產業中金融訊息的垂直搜尋為例進行說明。整個垂直搜尋大致有四個過程，具體如下：

- 借助 NLP，我們能夠順利梳理物聯網公司的產業鏈條。

- 借助 NLP，我們能夠清晰地看到產業鏈上各家公司的基本訊息。例如，財務指標、市場規模、產品專利訊息，以及合作者或潛在合作者等。

- 我們可以很容易地抽取出產品的競爭格局及市場規模等訊息。

- 借助 NLP，我們能夠輕鬆生成產業鏈報告，包含企業業務布局、產品專利數量、投融資規模等訊息。

這樣，我們就能對整個業界的金融訊息進行垂直又細緻的劃分，做出最明智的決策。

第三，自動產生報告。綜合人工智慧大數據技術及 NLP 技術，我們能夠自動生成公司或其他組織的金融訊息報告。該報告涵蓋的訊息很廣，如公司的基本訊息、公司近 5 年的財務報表、同業公司對比、公司的銷售模式、公司的股權結構、公司的潛在客戶與未來市場規模等。

這些資料能夠讓我們對公司的整體情況有一個全面的了解，特別是對公司的財務訊息有一個透徹的了解。同時我們還能對同行的財務訊息進行綜合分析，做到知己知彼。

智慧商業落地的七大金融領域

金融市場有三個典型特徵：資料密集、資本密集、高額盈利。這些特徵都為人工智慧的落地提供了機會。

人工智慧可以在七大金融領域進行落地，分別是智慧投顧、智慧信貸、金融諮詢、金融安全、投資機會、監管合規及金融保險。

8.2.1　智慧投顧

智慧投顧也被稱為機器人理財。簡言之，智慧投顧就是人工智慧與投資顧問的完美結合。智慧投顧機器人會綜合客戶的理財需求及產品的特點，透過深度學習，智慧地為客戶提供理財服務。智慧投顧的核心是大數據及雲端運算能力。

智慧投顧在為使用者服務的過程中，需要密切結合大數據和演算法模型。只有兩者兼具，才能發揮最佳效果，如圖 8-4 所示。

圖 8-4　智慧投顧發揮最佳效果的雙重因素

1　利用大數據智慧識別用戶的風險偏好

2　透過演算法和模型訂製風險資產組合

第一，利用大數據智慧識別使用者的風險偏好。

隨著語音及語義技術的發展，搜尋引擎最佳化技術迅猛提升，在搜尋引擎的助力下，智慧推薦也越來越快速、明確、高效。

智慧推薦同樣適用於智慧投顧領域。理財機器人也會利用大數據，分析使用者特徵，進而智慧識別使用者的個性化風險偏好，然後根據使用者的風險偏好差異，為他們提供個性化的理財產品或理財方案。更厲害的是，它能夠對使用者的風險偏好進行即時動態計算，在動態中分析使用者的綜合理財特點，最終幫助他們做出最明智的決策。

這樣，一方面能減少使用者尋找投資顧問的費用，另一方面也能綜合提升使用者的收益。

第二，透過演算法和模型訂製風險資產組合。

自從電腦技術被應用於金融領域，金融訊息的處理能力、處理效率及金融的服務水準都取得了質的飛躍。在人工智慧技術迅猛發展的情況下，借助大數據技術、神經網路演算法及深度學習演算法，金融業的發展將會更加智慧。

在資產配置這一金融領域，理財機器人可以利用多種模型訂製風險資產組合。例如，我們借助資產配置模型，可以形成最優投資組合；利用多因子風控模型，可以更準確地把握前瞻性風險；利用訊號監控模型，可以透過量化的手段制訂擇時策略。

總之，在智慧投顧的幫助下，我們的金融理財將會更加個性化、智慧化。

如今，市場上也有許多智慧投顧產品。但是市場上的產品有好有壞，具備慧眼才能選擇出最合適的產品。識別智慧投顧產品有以下四個標準：

第一，能夠利用大數據分析使用者個性化的風險偏好及其演變規律；第二，能夠利用演算法模型訂製回報率高的資產配置方案；第三，能夠結合時況，對使用者的資產配置方案進行跟蹤調整；第四，在使用者能夠承受的風險內實現收益最大化。

把握了以上四個標準，我們才能挑選出最合適的理財機器人，使其為我們的智慧理財提供最完美的規劃方案。

綜上所述，智慧投顧能夠節約理財成本，改善理財效果。

8.2.2　智慧信貸

信貸，在狹義上來講，是指商業銀行的貸款。信貸行為風險高，我們需要綜合考慮信貸的安全性、流動性及收益。信貸的主要著眼點在於借款方的信譽、能力、資本、擔保和環境。

傳統信貸需要高額的成本投入，不僅需要金融專家進行綜合的信用分析，還需要行銷人員積極拉入新客戶及金融客服人員進行客戶維護。

人工智慧技術的應用，將促使信貸升級為智慧信貸。

智慧信貸不僅能有效節約信貸成本，還能提高使用者體驗。因為所有的流程都在線上執行，能夠提升服務效率，從而降低維護客戶的成本。另外，大數據、雲端運算及深度學習的應用，將會在核心層面改變信貸的模式，例如，收集金融資料、處理金融資料、分析金融結果、做出相關決策，從而改善使用者的體驗。

同時，智慧信貸的時效性會越來越強，因為智慧信貸的客戶群體大都是小額貸款人員。由於信貸金額不大，風險也較小，再加上大數據處理問題的能力越來越強，放款速度越來越快，很多燃眉之急都能及時得到解決。

但是智慧信貸的發展仍然需要在四個維度進行突破，才能取得更好的效益，如圖 **8-5** 所示。

圖 8-5 智慧信貸發展的四個維度

1. 加強對金融產品的理解

2. 緊密連接金融人員和科技人員

3. 精細化、智慧化挖掘數據

4. 綜合考慮借款方的營運狀況

只有利用人工智慧技術，在這四個維度進行突破，智慧信貸才會發揮更大的作用。

同時，智慧信貸也將會有兩個業務發展重點，分別是 To B 服務與 To SME（小微企業）信貸服務。

一方面，金融機構要加強 To B 領域的服務。在拉動使用者消費的大環境下，許多金融機構都看到了 To C 端的優點。例如，消費人群眾多、貸款額度小、風險更分散等。所以，眾多金融機構都在個人使用者消費金融端廣泛撒網，以求取得規模效益。

追求規模效益的思維模式仍然較為傳統。智慧信貸是一種新興的信貸模式，我們應該利用大數據技術，把目光鎖定在 B 端客戶，為他們提供數位化、便捷化的智慧信貸服務。這樣才會獲得商務企業的認可，才會有更多商業客戶的追隨，從而贏得更高的回報。

另一方面，小微企業信貸市場也將是智慧信貸發展的一個重點。

現在，許多小微企業急需信貸，卻往往達不到銀行信貸的門檻。於是眾多金融科技公司（特別是智慧信貸公司），紛紛借助大數據技術來了解小微企業的發展狀況，徵得他們的信任，從而滿足他們的需求。這樣取得了雙贏，小微企業獲得了融資，取得了盈利，智慧信貸公司也獲得了名利。未來智慧信貸 To SME 必將越來越熱門。

綜上所述，智慧信貸將會改變傳統的信貸模式，使其更加高效、智慧。智慧信貸面向 B 端、服務於小微企業，將會取得雙贏。另外，智慧信貸想要獲得更長遠的發展，還需要進行更精細化的運營。

8.2.3 金融諮詢

在金融諮詢領域，人工智慧有兩個典型的應用，分別是金融客服與金融研究。

第一，人工智慧技術的應用會提高金融客服的效率與質量。

透過專家系統的注入，智慧金融客服機器人將會更加聰明。它能夠自主學習使用者的常見問題，而且能夠迅速提供專業的金融解答，極大地提高服務效率。

智慧金融客服機器人還能夠整合客戶服務通道，打造多渠道並行、多模式融合的客服體驗。例如，它可以綜合利用電話、簡訊、網頁、即時通訊軟體及 App 等方式，與客戶進行智慧化的溝通，迅速解決客戶的問題。同時，智慧金融客服機器人還能夠借助 NLP 技術，聽懂客戶的語言，理解客戶的核心意思，從而提供更人性化的服務。

第二，將人工智慧技術應用於金融研究，我們能獲得更有價值的訊息。

在金融研究領域，基於知識圖譜技術，借助智慧搜尋引擎，智慧金融平台能夠高效利用關聯資料，精確快速地尋找訊息，從而為使用者提供更準確、更有價值的金融訊息。

一個典型的案例是金融科技公司——Kensho 公司。Kensho 公司的迅速崛起也離不開 Google 與高盛的投資。它的創始人兼 CEO 是哈佛大學博士生丹尼爾‧納德勒（Daniel Nadler），他是一個典型的精英知識分子。公司的工程團隊人員大都是 Google、蘋果公司內部的頂尖科學家和工程師。總之，Kensho 公司憑藉強大的人工智慧技術成為金融界人工智慧公司的領先者。

Kensho 公司的主打產品是 Warren，它不僅是一個操作應用軟體，更是一個高效的、有價值的應用平台，能夠快速收集訊息並且進行高效的訊息處理。

Warren 的強大與其三個特性密不可分，如**圖 8-6** 所示。

圖 8-6 **Warren** 的三個特性

第一，分析能力高效。Warren 利用雲端運算技術來分析資料，能夠大幅提升運算效率，將長達多天的投資週期分析壓縮到短短的幾分鐘。

例如，Warren 能夠智慧獲取關聯度高、邏輯性強的財經新聞，在此基礎上進行深入研究分析，並為我們提供科學的匯總結果，從而極大地提高金融研究的效率。資深的金融業分析師需要三天才能完成一份金融分析報告，借助 Warren 只要半天就能收集相關的資料，並進行科學的資料匯總。

第二，使用者體驗直觀。直觀簡捷可以說是 Warren 的最大亮點。你只要說出一個詞，它就能夠對該詞彙進行精確的解答。丹尼爾・納德勒曾經說：「Warren 與人互動的方式與蘋果的 Siri、IBM 的 Watson 都是非常相似的。」總之，借助語言表達，我們就能輕鬆與 Warren 建立聯繫，迅速獲得金融諮詢訊息。

第三，學習能力強大。Warren 利用人工智慧中的深度學習技術，能夠智慧劃分使用者問題的種類，並且能夠在人們的不斷提問中積累經驗，實現快速成長。人們問得越多，Warren 就會越聰明，這就充分證明了雲端運算與深度學習的強大優勢。

綜上所述，隨著人工智慧技術的發展，未來我們將會有更多的資料積累與更完善的智慧系統。在此基礎上，智慧金融諮詢服務系統將會提供更精準的訊息與智慧分析，我們多元化的需求也將會被迅速滿足。

8.2.4 金融安全

人工智慧在金融安全領域也有著不錯的成績。

人工智慧在金融安全領域有很強大的功能。例如，利用人工智慧技術，我們能夠迅速識別、判斷每一筆交易，同時能夠對其進行分類和快速標記；利用人工智慧技術，我們可以迅速識別出支付欺詐行為；利用人工智慧技術，我們可以迅速收集使用者的金融安全回饋訊息，並不斷完善功能，達到更安全的支付效果。

典型的人工智慧金融安全應用就是支付寶的證件校驗。支付寶花唄與微貸業務聯合，使用機器學習技術，有效降低了虛假交易行為。有關資料顯示，在這項人工智慧技術被應用後，虛假交易率下降了很多，效果顯著。

支付寶使用的 OCR（Optical Character Recognition）系統，就是利用光學字元識別技術，把支付寶的票據訊息轉化為圖像訊息。同時再利用圖像識別技術，將票據訊息轉化為可使用的電腦輸出技術，這樣我們就能透過電腦快速進行支付寶的證件審核工作。同時，這項技術能夠提高證件校核速率，並能夠提升 30% 的識別準確率，有效確保支付安全。

在金融安全領域，Linkface 也是重拳出擊，毫不含糊，直接將人工智慧瞄準金融安全的靶心。

Linkface 是一家人工智慧公司。這家創業公司在成立時就十分引人注目，因為其創立者是 4 位年輕美麗的女士。

關於公司的定位，Linkface 的 CEO 黃碩說：「Linkface 很酷。作為一家技術服務提供者，公司透過提供專業的技術服務幫助金融客戶解決最核心的安全問題，與全球金融伙伴攜手打造工業 4.0 時代下的金融安全範本，成就金融星級安全，在我看來這是一件很酷的事情。」

Linkface 在初創時就專注於金融安全領域，利用人工智慧技術為金融使用者提供線上身份驗證，同時利用大數據技術進行反欺詐，為使用者打造星級的安全服務。

Linkface 金融安全的強大與其超強的原創技術密不可分。

Linkface 十分重視技術的原創。她們的團隊脫胎於香港中文大學多媒體實驗室，其他科研成員大部分來自 Google、蘋果團隊或名牌科技大學。

團隊成員齊心協力自主研發了基於 GPU 的 DLaaS（Deep Learning as a Service）平台。憑藉高超的運算能力及強大的資料分析能力，有效促進了演算法的升級。這樣，在金融安全領域，它就能夠大有所為。

綜上所述，人工智慧在金融安全領域日益發揮出更加重要的作用。如果要使金融安全更有保障，取得更為長遠的發展，我們就必須聯合優秀的人工智慧科技人才，進一步提升人工智慧水準。

8.2.5 投資機會

投資機會在本質上是一個調查研究，是為發掘有價值的投資項目或投資產品而進行的準備性調查活動。投資機會的核心目的是發現投資機會與投資項目，並為更好的投資提出合理的建議。

傳統的投資項目與調研工作都是由專業的金融人士來完成的，整個過程非常煩瑣、複雜。對於每一個投資機會，調查人員都需要進行大量的資料閱讀與審核，經過細緻研究，篩選出最有效的訊息，最終生成一份投資機會的調查報告，以供投資方進行合理的決策。

金融交易的目的很明確，就是綜合考核借款方的能力，最終決定是否進行交易。可是，步入訊息時代，訊息也以爆炸式的成長速度發展。傳統的調研方式在面對巨量的訊息時，難免效率低下。另外，在投資機會的調研過程中，出錯也是難以避免的，這就會造成成本的浪費甚至更大的金融災難。

考慮到諸多問題，量化投資作為一種新的方式逐漸成了主流。量化投資涉及各個學科的綜合知識，例如，數學、統計學、心理學、電腦。面對跨學科的知識，僅僅是專業的金融人士是無法應對的，這時就需要多方人才的協助及人工智慧的技術助力。

人工智慧的介入，則會使金融調查與金融交易更加智慧、高效、精確、合理。隨著人工智慧技術的不斷深入發展，許多科學技術都逐漸被應用到量化投資中。例如，NLP、神經網路、遺傳演算法及深度學習等。

利用 NLP，我們可以進行智慧引擎搜尋，提取出文字間、資料間及圖片之間的相關性，這樣就節省了大量的人力；利用知識圖譜技術，我們可以迅速提取出有價值的金融訊息，分析股市的發展趨勢，從而智慧地提供金融分析報告，最終提高投資機會的準確性，獲得更好的效益。

在股市走向預測層面，東京三菱日聯摩根史坦利證券公司有著很高的發言權。該公司的進階股票策略師 Junsuke Senoguchi 發明了一個能夠預測日本股市走向的機器人。

Senoguchi 一直從事金融工作，在金融業是一個大咖級的人物。他還有另一個鮮為人知的身份──金融界的人工智慧專家，他曾經獲得過人工智慧的博士學位。

Senoguchi 說：「這個機器人建立於 2012 年，從 2012 年 3 月開始，這個機器人一共做了 47 次預測，其中 32 次的預測結果準確。」

這個機器人的工作原理如同下圍棋的 AlphaGo，能夠綜合分析歷史資料，從而研究出相應的規律。總之，他設計的這個機器人擁有超強的雲端運算能力，擁有深度學習演算法，能夠自主對金融資訊及股市進展構建清晰的知識圖譜。

當然，這個機器人的智慧程度不僅僅局限於進行大數據分析，更重要的是它能夠根據市場情形的變化，做出進一步的考量，做出相應的智慧預測。

這項技術也可以應用於其他金融領域，例如，可以對利率進行精準的預算，也可以預測國際匯率的基本走勢。

目前，在金融交易中，特別是在投資機會的分析中，人工智慧的應用也越來越多。雖然目前人工智慧的發展也面臨著不少挑戰，但前景依然是光明的。

股神巴菲特說：「要做好投資，你只要有一個正常人的智商就夠了。」如今，要做好金融投資，必須結合人的智商與機器人的智商，兩者相互配合，相輔相成，我們才能進行更精準的投資預測。

對於人工智慧發展中的技術問題，我們一定會透過技術的進步進行彌補。困難在於，如何在金融投資機會中有效結合人力與人工智慧。

綜上所述,在金融投資機會領域,必須結合人工智慧技術。因為人工智慧發展的速度一日千里,只有密切結合人工智慧中最新的科技,配合人類的金融智慧,才能做出更理智的決策,取得更高的投資回報。

▎8.2.6 監管合規

在金融領域,監管合規是指商業銀行的經營活動要做到不違規、不違法,進行合理經營。

當下金融業的主題是「合作與賦能」。合作就是指金融界要與科技界或者其他產業進行密切合作。賦能就是指金融界要借助新興科技之力,特別是人工智慧之力,促進金融的智慧化。

如今,越來越多的傳統金融機構開始主動與金融人工智慧公司合作,試圖使金融服務效率更高、質量更好。同時,大數據技術及區塊鏈技術也能夠借助金融機構快速實現落地。

在金融監管合規領域,人工智慧進行金融監管的兩種方式,如圖 8-7 所示。

圖 8-7 人工智慧進行金融監管的兩種方式

1. 利用規則推理進行金融監管

這種方式主要借助大數據技術及深度學習技術，將相關的規則程式輸入電腦，讓電腦進行自主學習，這樣它就能夠理解金融法規和規則。在此基礎上，它就能夠利用規則進行反覆推理，同時它能夠結合不同的金融場景，做出更明智的金融風險預測。

2. 利用案例推理進行金融監管

這種方式主要借助機器學習技術進行監管。在傳統時代，所有的金融監管都是透過人工的方式進行的。金融監管領域的專家透過分析案例、總結案例，並用經典的監管案例來評價新的監管問題及風險狀況，預防相關金融風險，最終提出新的監管方案。

然而，利用機器學習技術後，這一流程被電子化的形式取代。同時，還節省了人力、物力與財力，進一步提升了監管的能力。

人工智慧在監管合規領域，最典型的案例就是反洗錢。

反洗錢無疑是一件好事，有利於金融體系的安全，有利於維護金融機構的名譽，最重要的是有利於維護正常的經濟秩序，保障社會的穩定。

另外，借助人工智慧技術，給電腦接入反欺詐系統，能夠打造更加安全可靠的金融訊息平台。為了打造更好的金融監管體系，使金融市場更加安全可靠，我們必須做到以下三點。

第一，全面升級人工智慧金融安全系統，提高智慧金融決策的效率，打擊一系列違反金融市場安全的欺詐行為。人工智慧金融安全系統的構建離不開社會各界的支援。首先，需要科技人才不斷深入研究，研發更智慧的演算法；其次，政府需要投入大量的經費；再次，需要提高電腦的效能，特別是要提高 CPU 與 GPU 的效能，雲端運算才能更加快捷；最後，需要金融專家的介入，將良好的金融安全規則、案例輸入電腦系統，這樣才能夠進行高品質的金融監管和決策。

第二，打造線上平台，堅守「金融法規」底線。在人工智慧時代，必須加快金融服務的網路化平台建設，更好更快地處理人們的日常金融事務。同時，建造網路化金融平台必須遵循法律、法規。全面杜絕為自身融資的不良業務，堅持做有底線、有溫度、誠信經營的金融機構。

第三，引入專家，開啟全方位的金融風險防控。一方面，企業要積極對接金融業最尖端的科學技術；另一方面，企業要聘請頂級金融專家，借助優質人才為金融監管把關。優質的人才同時也能促使金融技術的創新，進一步提升監管能力。

在金融監管領域引入人工智慧系統，能夠提高效率和智慧化水準，更好地為人們的金融安全服務，打造一個更安全可靠的金融訊息平台。同時金融監管能力的提升離不開人工智慧技術的升級、人才的引入及法規體系的完善。

▍8.2.7 金融保險

保險的最大意義就是能夠在意外發生後給予相應的補償。我們買保險只是為了買一種心理上的放心，買一種安全。

人工智慧助力金融保險，將會使保險業獲益匪淺。人工智慧能夠檢視所有的保險流程，細緻地梳理每一個環節，挑選出所有能夠自動化設置的環節，從而提高保險單運轉的效率。目前，人工智慧在保險的定價、索賠及反欺詐領域已經有了比較良好的實踐，市場口碑較好。

人工智慧助力保險將會給使用者帶來以下三個方面的好處，如圖 8-8 所示。

圖 8-8 人工智慧助力保險的三大優勢

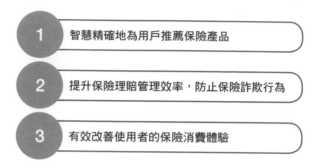

第一，智慧精確地為使用者推薦保險產品。

利用大數據技術不僅能夠自動生成保單，還能夠精準地進行保險產品的推薦，為使用者訂製個性化的保險方案，從而大大提升效率，有效降低成本。

借助智慧雲端運算及深度學習的演算法，一套智慧保險裝置能夠為使用者提供個性化的保險方案。例如，它能夠根據使用者的家庭狀況、經濟狀況，以及理財情況和未來經濟發展規劃，做出全方位的審核考察。在此基礎上，它能夠智慧地分析使用者在各個階段的需求，從而為他們智慧地匹配相關的保險產品。總之，人工智慧的助力，可以使用戶更好更快地做出相關的決策，提升使用者的滿意度。

第二，提升保險理賠管理效率，打壓保險欺詐行為。

在保險的索賠處理環節中，我們可以借助人工智慧技術提升工作效率。

一方面，利用人工智慧技術，保險公司能夠又好又快地處理巨量資料，同時，可以自動處理煩瑣的流程。例如，當保險公司為某些索賠方提供「快速通道」服務時，借助人工智慧技術，能夠有效降低處理的整體時間，既能夠提升效率、提升使用者的體驗，又能夠降低成本。

另一方面，保險公司能利用圖片識別技術進行保險反欺詐，螞蟻金服保險平台就是一個典型的案例。螞蟻金服保險平台的消費保險理賠，九成以上

都是依靠圖片識別技術進行判定的。在傳統時代，一些人企圖騙取消費保險，甚至利用網路上的圖片，經過精細加工，向保險公司報案理賠。例如，一個人沒有出現使用化妝品後外觀過敏的狀況，卻利用網路上的一些圖片進行偽造，企圖騙保險。可是，現在這些都行不通了。人工智慧技術可以在龐大的圖片資料庫中輕鬆識別真實圖片和偽造圖片，而且能夠在短時間內迅速線上完成，無須人工干預。

另外，人工智慧演算法能夠快速識別出保險資料中的固定模式，並形成相應的規則與框架。當這些規則框架形成之後，它就能夠迅速識別欺詐性的保險案件，這樣人們的保險行為就會更加安全。

第三，有效改善使用者的保險消費體驗。

保險行銷人員非常注重控制使用者的流失率，打造最完美的使用者消費體驗，從而促進保險產品的銷售。人工智慧能夠自動生成高度訂製的內容，有效引流，把使用者引向他們最感興趣的保險產品上。這樣能夠大大提升使用者消費的滿意度，也能降低使用者的流失率，實現盈利。

如果想進一步提升使用者的保險消費體驗，在人工智慧技術上，企業一定要注重保險產品的互動性。英國的初創保險公司 HeyBrolly 一直致力於變革保險業的使用者消費體驗，其旗下的一款名為 Brolly 的 App 是英國第一個透過人工智慧技術向使用者提供保險建議的應用，最終目的是幫助使用者進行保險管理。

Brolly 最智慧的功能在於能夠使用戶與保險公司進行線上的互動及檔案的管理，同時能夠為使用者提供一切有價值的保險訊息，並融合市面上所有價值含量高的保險政策。進行智慧分析後，它會挑選出最適合使用者的那款保險產品，這樣就大大提升了使用者的保險消費體驗。

綜上所述，人工智慧必然是未來保險業發展的助推器，能夠使保險業更加安全、可靠、高效、合理。企業也要儘快抓住機遇，擁抱人工智慧，促進保險產品的銷售，取得盈利。

案例：
Wealthfront

Wealthfront 是全球智慧投顧平台的標杆，它的前身是 Kaching，是一家美國投資諮詢顧問公司，於 2011 年 12 月正式更名為 Wealthfront，現在是頂級的、專業的線上財富管理公司。

作為非常具有代表性的智慧投顧平台，Wealthfront 能夠借助電腦模型及雲端運算技術，為使用者提供個性化、專業化的資產投資組合。例如，股票配置、債權配置、股票期權操作及房地產配置等。

Wealthfront 作為頂級的智慧投顧，具有五個顯著的優勢，如**圖 8-9** 所示。

圖 8-9 Wealthfront 的五個優勢

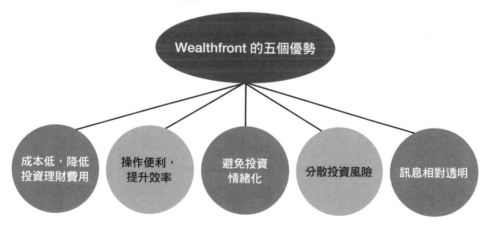

Wealthfront 快速發展離不開圖 **8-10** 所示的五個要素。

圖 8-10 Wealthfront 快速發展的五個要素

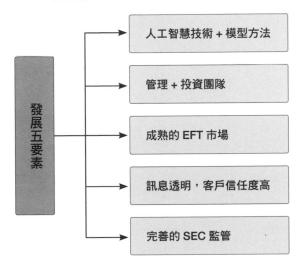

■ 要素一：人工智慧技術 + 模型方法。

Wealthfront 能脫穎而出，離不開其背後的技術及多元的模型。借助強大的資料處理能力，它能夠為使用者提供個性化的投資理財服務。借助雲端運算，它能夠提高資產配置的效率，大大節約費用，降低成本。另外，借助人工智慧技術，Wealthfront 打造了具有超強競爭力的投顧模型，能夠有效融合金融市場的最新理論與技術，為使用者提供最權威、最專業的服務。

■ 要素二：管理 + 投資團隊。

目前，Wealthfront 的管理團隊有 12 位核心成員，他們基本上都曾經在全球頂級的金融機構或網路公司做過 CEO。例如，許多核心管理成員都來自 eBay、Apple、Microsoft、Facebook、Twitter 等。同時，投資團隊的成員也非常優秀。他們的投資顧問或量化研究人員，基本上都擁有博士及以上學歷，而且各個身懷絕技，投資經驗豐富。同時他們無論在商界、學界還是政界，均有豐富的人脈關係和資源優勢。

■ 要素三：成熟的 EFT 市場。

EFT（Electronic Funds Transfer）即電子資金轉帳系統。美國的 ETF 種類繁多，預計超過 1000 種。而且，經過不斷發展，美國 ETF 的資產規模已經有大幅提高。總之，EFT 的強大，為 Wealthfront 智慧投顧產品提供了多元的投資工具，從而滿足了不同使用者的多樣化需求。

■ 要素四：訊息透明，客戶信任度高。

Wealthfront 的訊息披露比較充分，這樣就極易獲得使用者的信任，其訊息透明程度我們可以從它的官網上一窺究竟。Wealthfront 在其官網上明確標註「我們是誰、我們的主營業務是什麼、我們的資源訊息及詳細的法律文件」。總之，Wealthfront 能夠從使用者的角度出發，明確地進行訊息公開。同時，它們的訊息不僅有功能性的提示，還能夠進行風險提示。另外，它們的訊息表現形式也是多元化的，不僅包含 PPT、文字、圖表，還利用大數據進行直觀的展示，使用者能夠得到充分的服務。

■ 要素五：完善的 SEC 監管。

美國 SEC（證券監管委員會）的監管比較完善，這有助於為正規金融機構提供理財服務及資產管理。同時，美國 SEC 還下設投資管理部，負責頒發投資顧問資格。由此，在健全的監管體制下，Wealthfront 才能順利地開展理財服務和資產管理業務。

Wealthfront 的迅速發展離不開以上五個要素，也與自身的定位及理財產品的優勢密不可分，特別是 Wealthfront 的成本低，面向人群更加廣泛。

Wealthfront 的收入來源以收取諮詢費為主，具體的收費額既低於傳統理財機構的費用，也低於類似的智慧投顧公司的費用。美國傳統的投顧機構會收取多方面的費用，整體費用較高。而 Wealthfront 依靠人工智慧技術的優勢，大大提升了效率，節約了大量的人力資本。同時年輕人一般都會選擇在網路上處理理財事務，所以，機構的門店空間相對狹小。

同時，借助大數據的優勢及深度學習技術，Wealthfront 能夠迅速鎖定目標使用者，效率極高。另外，傳統的理財公司（投顧公司）主要面對的是高淨值人群，然而 Wealthfront 把使用者目標鎖定在中等收入的年輕人群。借助長尾行銷、智慧行銷的優勢，Wealthfront 的成交額與利潤自然也會大幅提高。

綜上所述，Wealthfront 的成功與人工智慧的發展密不可分，同時也與經營理念、團隊管理有著千絲萬縷的聯繫。一個優秀的智慧投顧平台，若要取得更長遠的發展，必須引入人工智慧技術，借鑑 Wealthfront 的優勢，學習相關模式並充分展示自身的特色。

chapter 9

5G+ 人工智慧
的商業未來

從人工智慧 60 餘年的發展歷程來看,它的發展將
會越來越好。雖然經歷過三次發展的「寒潮」,
但是它最終還是迎來了發展的春天;從科技進步的角
度來看,人工智慧的發展速度也將越來越快。大數據
呈爆炸態勢成長,雲端運算能力呈跨越式成長,深度
學習技術也在逐漸進步,種種技術都在助力人工智慧
的飛躍;從企業發展角度來看,網路巨頭紛紛進軍人
工智慧領域,促進人工智慧的發展。

總之,人工智慧的前途必然是光明的,人工智慧將點
亮我們的工作、生活。

人工智慧革新歷程

人工智慧的發展不是一帆風順的，它曾受到挫折，經歷了冷嘲熱諷，最終才以現在的面貌呈現在我們面前。

從整體來看，人工智慧的發展逐漸由感知智慧向認知智慧過渡。若要取得更為長遠的發展，則必須增強自我的開放力，逐漸融合多學科知識，聯合社會精英。只有以海納百川的胸懷擁抱新科技、接受新思想，人工智慧的發展才能日新月異，革新之路才能越來越開闊。

9.1.1 人工智慧從感知智慧向認知智慧過渡

人工智慧的能力發展大致經過三個階段，如圖 9-1 所示。

圖 9-1　人工智慧能力發展的三個階段

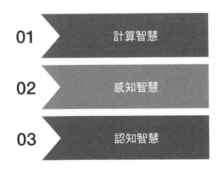

01　計算智慧

02　感知智慧

03　認知智慧

人工智慧大致由計算智慧過渡到感知智慧，再由感知智慧變為認知智慧。

計算智慧早已實現。計算智慧在本質上是指電腦所擁有的超強的計算能力和儲存能力，最典型的案例就是 IBM 的「深藍」。1997 年，「深藍」打敗西洋棋大師卡斯帕洛夫，轟動一時。「深藍」借助計算智慧，能夠預測接下來的象棋路數，做出整體的部署規劃。

如今，我們正處於感知智慧階段。所謂感知智慧，就是機器裝置可以像人類一樣，能夠聽懂話語、說出自己的意見，能夠行走、跳躍。目前，隨著演算法、計算、資料的逐漸成熟，語音識別與視覺識別的成功率分別已經達到 95% 和 99%，成為人工智慧在感知智慧領域的巨大突破，最典型的案例就是「智慧音箱」和「手機臉部辨識解鎖」。雖然如今感知智慧已經實現了突破，但還有許多細節需要更新最佳化。

認知智慧，就是在感知智慧基礎上的又一次升華。當談到認知智慧時，科大訊飛的執行總裁胡郁說：「人類與動物最明顯的區別，就是人類有自己的語言，能夠解釋自己的知識，並且能夠進行邏輯推理。」由此可見，所謂認知智慧，就是機器人能夠思考。機器人擁有邏輯推理能力，能夠借助知識圖譜解構知識，同時用自然語言將自己的觀點表達出來。

在認知智慧領域，目前發展較好的仍然是科大訊飛。科大訊飛全面部署的「訊飛超腦」就是典型的認知智慧。歷經 20 多年的歷練與積累，科大訊飛在語音識別、語音合成等領域已經成為業界翹楚。「訊飛超腦」在應用上其實是對語音識別、語義理解的一種新的突破。

「訊飛超腦」採用了兩條路徑，分別是「深度神經網路 + 大數據 + 漣漪效應」與「人工智慧 + 人腦智慧」。透過科技與人腦的配合，共同促進認知智慧的發展，最終使「訊飛超腦」擁有超強的邏輯思維能力。

「訊飛超腦」無疑是對認知智慧的一次偉大嘗試，而且「訊飛超腦」將發展的重點立足於教育領域。目前，「訊飛超腦」不僅能夠做到聽說讀寫，還具備邏輯推理及知識建構、自主學習的能力。

在教育領域，原來的閱卷機器人只能批改選擇題、判斷題、填空題等客觀題目。如今，借助「訊飛超腦」，閱卷機器人可以進行問答題及作文題目的審閱與批改。這樣也進一步節省了人力，提高了閱卷工作的效率。

另外，科大訊飛還研發出一款大學入學考答題機器人——AI-MATHS。在參加大學入學考前，它曾參與秘密特訓，做了約 500 份數學模擬試卷。在大學入學考當天，它被單獨放置在一個考場內。考場環境密閉，斷絕與外界的任何網路聯繫。AI-MATHS 僅僅透過內部伺服器的計算，用時 22 分鐘就獲得了 105 分的成績，基本上已經達到了中等水平。科大訊飛將繼續培養這類大學入學考答題機器人，使它在 2020 年左右能夠考上北大、清華。

總之，由感知智慧向認知智慧過渡是一種趨勢。過程也許會很曲折，但是最終，具有認知智慧的人工智慧型機器將會使我們的生活更加美好。

9.1.2 人工智慧通往未來之路的法寶：開放和互通

在行動網路時代，開放、共享的精神顯得尤為重要。在人工智慧時代，人工智慧的開放互通會促使產品創新，進而促進商業模式的變革，只有擁有健全資料的人工智慧才能引領新的時代潮流。

北大教授林作銓說：「在網路時代，人們習慣於贏家通吃的邏輯，對資料的保密性看得很重，但人工智慧的健康發展需要開放資料。」

由此，我們認為只有做到開放和互通，人工智慧才可能有更美好的未來。大數據是人工智慧發展的原料，在人工智慧專業領域，一些科學家甚至把大數據比作人工智慧發展的「石油」。總之，健全的大數據資源能夠加速人工智慧的發展。如果各個行業、各個公司總是死守資料，那麼資料將處於一種封閉的狀態，不利於資料間的互通，人工智慧也將緩慢發展。

在當今資訊技術高速發展的時代，我們都希望產品能夠得到人工智慧的賦能，這樣產品才會真正受到使用者的歡迎和喜愛。

百度認為，在人工智慧時代，最重要的是同時輸出服務和能力。如果要達到這樣的雙輸出，就必須樹立開放的人工智慧戰略。

基於這樣的開放戰略，百度與更多的科技型企業及智慧製造業建立了深度的合作。例如，百度與汽車製造公司合作，共同研發自動駕駛技術；借助智慧語音互動技術，實現大數據資產互通，這些都能夠從根本上打破封閉的人工智慧研發生態。總之，百度的人工智慧開放戰略，不僅僅是順勢而為，更是一次全面的革新。人工智慧的開放互通，最終換來的是合作共贏。

那麼，如何才能更好地進行開放互通呢？

一方面，企業要做到基礎資料開放共享、基礎演算法開放共享及基礎裝置開放共享。共享才會提高研發或運營的效率，才會加快人工智慧的發展與變革。另一方面，企業要尋求跨領域的合作。不同領域的合作能碰撞出靈感的火花，能產生更富有創意的思維，從而衍生出新的人工智慧產品。

綜上所述，開放互通的人工智慧戰略，將會打破發展過程中的種種技術障礙，為更智慧化的人工智慧產品輸入新鮮血液。只有開放與互通，強強聯合，企業才能打造出具有影響力的人工智慧產品。

感受「5G+ 人工智慧」的魅力

在我們的生活中，人工智慧的應用已經變得非常普遍，但即使如此，還是有一些人對此表示不滿。這些人認為，現在的應用根本不是真正的「智慧」，還有很大的提升空間。不過，自從 5G 出現以後，人工智慧似乎有了一個好幫手。事實證明，「5G + 人工智慧」確實能帶來意想不到的效果。例如，提高人工智慧的「智商」、解決網路的複雜性問題、推動網路重構等。

9.2.1 5G 是人工智慧的重要基礎，二者共同改變生活

隨著時代的發展，人工智慧會變得越來越成熟，應用會越來越廣泛。與此同時，5G 技術的商用化也已經成為定局。對於人工智慧來說，連接是一個十分重要的能力。因此，在人工智慧的助力下，一個連接應用大腦及各類終端的超大規模網路將會逐漸形成。如果把 5G 也添加進去，形成「5G+人工智慧」，則會釋放出更強大的能量，進而改變生活。我們從以下幾個方面進行說明，如圖 9-2 所示。

圖 9-2 「5G+ 人工智慧」 的幾個方面

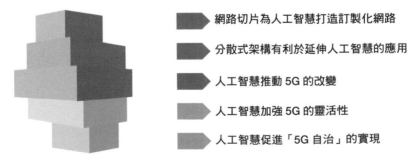

網路切片為人工智慧打造訂製化網路

分散式架構有利於延伸人工智慧的應用

人工智慧推動 5G 的改變

人工智慧加強 5G 的靈活性

人工智慧促進「5G 自治」的實現

1. 網路切片為人工智慧打造訂製化網路

自從人工智慧出現以後，各行各業都發生了非常深刻的變化，智慧應用不斷增多，智慧交通、智慧城市、智慧家庭正在成為現實。與此同時，人工智慧也面臨著巨大的壓力，需要更加強大的網路來滿足不同的需要。

例如，由自動駕駛主導的智慧交通需要超低時延和超高可靠；智慧城市需要巨量的連接；智慧家庭需要超大頻寬。可以說，只要是與人工智慧有關的應用，就需要一個極具個性化的網路，以便在發生變化的時候可以及時進行調整。

我們利用 5G 背景下的網路切片，不僅可以打造極具個性化的網路，還可以透過提供網路功能及資源按需部署服務，來滿足各行各業的不同業務需求。因此，對於人工智慧來說，5G 絕對是一個必不可少的得力幫手。

2. 分散式架構有利於延伸人工智慧的應用

人工智慧有一個終極目標，那就是達到甚至超過人類的思維水平。那麼，人類的大腦是怎樣工作的呢？我們以對圖像進行處理為例，在這一過程中，眼睛並不會把看到的圖像全部傳遞給大腦，而是先做一個簡單的加工，將與圖像有關的關鍵訊息（如線段、弧度、色度、角度等）提取出來，然後將其編製成神經密碼訊號，最終傳遞給大腦。

終端的工作過程與大腦有些相似，但是通常情況下，為了保證速度，終端會把關鍵訊息在邊緣進行一次加工和提取，然後由人工智慧進行處理。不過，由於體積、功耗、成本等方面的限制，終端並不具備非常強大的訊息處理能力，因此，必須借助更加邊緣的雲端。

5G 的分散式架構就可以充分滿足應用延伸到邊緣的需求，具體來說，5G 將關鍵訊息直接轉發到邊緣應用，幫助人工智慧把應用延伸到邊緣。在這方面，自動駕駛就是一個非常具有代表性的案例。我們將 5G 與人工智慧一起部署在更加邊緣的雲端，實現車輛的超低時延和超高可靠，打造更加極致的駕駛體驗。

3. 人工智慧推動 5G 的改變

在 5G 的助力下，人工智慧連接已經具備了很多優點，如超低時延、超高可靠、超大頻寬等。我們也都知道，力的作用是相互的，因此，人工智慧也有利於推動 5G，幫助其儘快實現運營、運維、執行等的自動化。

4. 人工智慧加強 5G 的靈活性

與 4G 不同，5G 有一個非常重要的使命，那就是促使垂直產業去關注那些長尾應用，這裡所說的長尾應用，不僅有個性、小量、零散，還具有非常高的連接價值。在 4G 時代，因為受到資源、成本等方面的限制，只有少量垂直產業的連接以專網的形式存在。隨著 5G 的出現和發展，所有垂直產業的連接都已經能夠以網路切片的方式存在。

另外，在以前，建網方式需要很長的時間（最短也要半年），所以，根本無法建設 5G 切片。而且，要想進行 5G 切片的建設，還必須有一個全生命週期自動化系統。當人工智慧出現並得到推廣以後，切片運營開始朝著自動化的方向發展，切片的建設也已經達到分鐘級。這有利於企業充分滿足瞬息萬變的市場需求，在市場上占據有利地位。

5. 人工智慧促進「5G 自治」的實現

切片是 5G 的呈現形式，通常而言，在 5G 上執行著大量的切片，少則數十個，多則上百個。在這種情況下，如果還採取之前的人工運維模式，肯定會造成隱患。如果我們圍繞人工智慧打造一個自動化運維模式，則可以自動監控網路執行狀態，並提前預測出網路行為，以便在網路出現故障時能夠實現自動復原。

總而言之，5G 和人工智慧是互相幫助、相輔相成的關係，5G 推動了人工智慧的自動化、個性化，人工智慧提高了 5G 的智慧程度。如今，各類技術的發展速度已經超出了我們的想像，這也促進了生活的改變及社會的進步。

9.2.2 解決網路複雜性問題，實現自動化、低成本

未來，網路會面臨各種嚴峻的挑戰，人工智慧的重要性變得越來越突出。在 5G 時代，雖然萬物互聯已經基本實現，但是由此產生的資料不僅數量多、複雜性高，而且有很多資料根本沒有價值和意義。因此，只靠人類的力量恐怕沒有辦法應付，必須借助人工智慧對這些資料進行細緻的分析。

從本質上來講，5G 其實是一個非常複雜的系統，要想實現自動化，並將運維成本降到最低，需要人工智慧對邏輯和秩序進行梳理。相關資料顯示，在我國，2G 基地台只有 500 個參數；3G 基地台有 1500 個參數，而 4G 基地台的參數已經達到了 3500 個，可以想像，5G 基地台的參數肯定會更多。

毋庸置疑，5G 使我們步入追求速度的時代，但同時也是一個大融合時代。可以說，無論是固移融合、多種無線接入技術融合，還是 IT 與 CT 融合、傳統網路與新型網路融合，都非常複雜，而且由此帶來的運維成本和風險更是比之前高了很多。

如今，網路規模正在一步步擴大，網路投資也隨之大幅度提高，在這種情況下，自動化網路已經成為重中之重，它可以將運維成本降到最低，將速度提到最快。與此同時，垂直領域非常需要可靠且穩定的網路來有效避免因人工操作失誤導致的巨大損失，所以，我們必須對 5G 提起高度的重視。

在 5G 時代，由於網路存在過於強大的複雜性，因此，要想進一步防止不法分子的突襲和攻擊，運營商必須重新建立「護城河」。事實真的是這樣嗎？當然不是。不過，一旦 5G 和人工智慧結合在一起，可能真的會讓運營商重新建立「護城河」，讓他們再次成為產業鏈的中心。

▍9.2.3 推動網路重構，充分保證即時響應

在 SDN/NFV 的基礎上，未來的網路正在被一點點重構。對於運營商來說，SDN/NFV 有非常大的作用。首先，它對傳統專用電信裝置進行了解耦；其次，它充分打通了煙囪式的網路構架；最後，它進一步提高了網路的靈活度和敏捷性。

當然，這也從側面反映出，之後網路部署的工作環境將體現出非常明顯的動態特徵，只靠人類的力量進行決策和操作已經不再有效。所以，為了對網路事件和服務需求進行及時響應，我們必須充分利用人工智慧的閉環自治系統及互操作性。此外，NFV 也帶來了網路的複雜性問題，以前的運維方式也很難適應。

舉一個比較簡單的例子，現在網路參數、性能指標都和特定的硬體裝置有千絲萬縷的聯繫，主要是因為在以前，對於電信裝置來說，物理硬體、邏輯網路配置、軟硬體緊耦合之間具有映射關係。在軟硬體緊耦合關係的助力下，電信裝置的運維人員有能力透過某些元素（如事件報告、網路配置拓撲等）對故障進行分析和定位。

但對於虛擬化的 5G 來說，一切似乎都發生了巨大改變。在 NFV 的世界裡，邏輯和物理產生了分離，二者已經沒有任何關係。與此同時，建立網路資源的方式也和之前有很大的不同，具體而言，只要通用伺服器作為硬體準備充分，它就能夠對虛擬機的數量進行控制，進而達成配置「網元」的目的。

換句話說，虛擬化邏輯資源組合在一起，形成了網路功能服務，而這一服務既可以在不同的硬體上配置，又可以在相同的硬體上配置。由此可見，NFV 確實帶來了網路的複雜性。在這種情況下，如果還讓運維工程師對故障進行分析和定位，會對準確率和速度產生嚴重影響。

於是,以「大數據 + 人工智慧」為核心的服務監控系統應運而生。在收集大量的網路資料之後,由人工智慧對其進行清洗和分析。這樣一來,不僅準確率和速度有了保障,網路運維也實現了自動化和以使用者感知為中心。當然,更重要的是,閉環系統順利形成,被動運維時代一去不復返,成了真正意義上的過去式。

面對 5G 時代的到來及人工智慧浪潮的侵襲,各個領域的企業都應該做好準備。要知道,如果不能順應新形勢、新未來,就只能被拋棄、被淘汰。以與 5G、人工智慧關係最密切的電信領域來說,企業需要從以下兩個方面著手。

1. 重視人才的儲備

實際上,人工智慧帶來的最大挑戰並非技術,而是人才。前面已經說過,人工智慧涉及多個學科,人才不僅稀少而且昂貴。所以,如果企業不能拿出足夠有吸引力的薪酬,恐怕難以儲備大量的人才。

2. 文化的建設

與人才相同,文化的建設也非常重要。企業需要對流程進行重新設計,制訂詳細且完善的人工智慧文化計劃,推動員工的進步和發展。在網路運維的過程中加入人工智慧,需要花費大量的人力、物力、財力,而且剛開始我們還無法對其帶來的經濟效益進行量化,因此,如果沒有自上而下的推動,無論是人工智慧還是 5G,都很難獲得較大的發展。

5G、人工智慧,再加上物聯網,構成了當下時代的前沿技術,站在交會口處,三者一定會聯合起來,攜手同行。而這不僅會引起通訊革命,還會使社會和生活產生變化。無論是一般民眾還是企業,都應該為此積蓄力量。

▎9.2.4 企業布局 5G，為人工智慧插上翅膀

從目前的情況來看，人工智慧已經成為未來的關鍵成長點，由各大企業帶來的智慧科技產品紛紛亮相，將人工智慧滲透到了人們的生活中。而 5G 的不斷發展，則為人工智慧創造了更多可能。由此來看，在人工智慧時代，布局 5G 對企業來說無疑是重中之重。

5G 至少為人工智慧創造三種可能，一種是以高頻寬、高流量為特徵，帶來更加良好的娛樂體驗；另一種是以低時延、高可靠為特徵，如自動駕駛；還有一種是以低功耗、廣連接為特徵，如智慧農業、智慧城市等。

先來說自動駕駛，其實質就是人工智慧在汽車業的落地形態。在超音波感測器、雷射雷達等裝置的助力下，系統不僅可以對附近的環境進行感知和分析，還可以在此基礎上自動做出駕駛決策。通常來說，汽車在行駛的過程中會一直保持高速移動狀態，稍有不慎就會出現事故，而 5G 則為其賦予了低時延、高可靠的特徵。

在「i-VISTA 自動駕駛汽車挑戰賽」上，聯通依靠 5G 微基地台和 5G 車載終端，為自動駕駛提供了低時延、高可靠的網路。

智慧農業、智慧城市同樣為企業帶來了新的發展可能。由於 5G 的連接數密度已經達到百萬級，因此，它可以連接大量的終端裝置。在這種情況下，新的需求正在產生，終端裝置要具有一定的計算能力，企業也應該不斷加強雲端的處理能力。

由此可見，無論是聯通、高通，還是大唐電信，都在積極促進 5G 的發展，這也為企業布局 5G 提供了極大的便利。試想，如果一個汽車企業在研究自動駕駛的同時還不忘布局 5G，又怎麼會被時代淘汰呢？

當然，不單單是汽車企業，其他企業也是如此。以工業企業為例，如果引入了以 5G 為基礎的工業物聯網，那企業就很有可能會在低時延（1 毫秒）、高可靠的鏈路上對關鍵裝置進行控制。而且透過不同形式的 5G 連接，裝置可以具有更高的靈活性和可塑性，從而進一步滿足各式各樣的個性化製造需求。可以說，企業只有儘快重視 5G，為人工智慧插上翅膀，才有機會成為新時代的勝利者。

人工智慧的重要性和巨大價值正在不斷顯現。從企業角度來看，一個龐大的人工智慧新藍海已經浮現，企業必須牢牢把握；從普通民眾的角度來看，人工智慧帶來的便捷生活已經越來越近，未來非常值得期待。與此同時，5G 的不斷發展和漸趨成熟，為人工智慧的規模化應用插上了翅膀，還推動了行動網路的進步及萬物互聯的實現。

企業如何升級，才能提前抓住超級智慧先機

在人工智慧時代，企業要抓住新的發展機遇，站在時代的風口，就必須緊緊擁抱人工智慧科技。具體來講，就是要擁有人工智慧思維、擁抱人工智慧技術、接納人工智慧人才、進行人工智慧場景落地。只有一步一步地落實，企業才會迎來全新升級，才會有完美的表現。

9.3.1 企業要引入「人工智慧 +」思維方式

繼網際網路賦能之後，人工智慧賦能也成為業界發展的趨勢。

吳恩達是國際上公認的最權威的人工智慧和機器學習領域的學者。他曾說：「我們不僅要用人工智慧來賦能 IT 產業，更需要用人工智慧賦能整個社會。為了讓全社會都能體驗到人工智慧的好處，我希望將人工智慧推廣到其他產業。」

如今，人工智慧應用已經遍地開花。無論是生活家居領域、醫療健康領域，還是金融服務領域、無人駕駛領域，人工智慧都有發展的一席之地。在人工智慧賦能生活、賦能生產的大背景之下，企業必須引入「人工智慧 +」的思維方式。

當然，「人工智慧 +」的思維方式的改變也不是一蹴而就的，企業需要深入場景，結合具體的實踐，一步步地做出相應的改變。

所謂「人工智慧 +」的思維，關鍵集中在四點：大數據、雲端運算、演算法和應用場景，而且這四個要點之間是可以互相關聯和互相轉化的，如圖 **9-3** 所示。

圖 9-3　「人工智慧 +」思維四要素

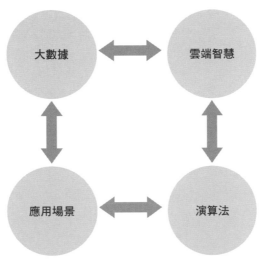

結合以上四個思維要素，人工智慧技術才會日益成熟。大數據是人工智慧發展的原料，是雲端運算的基礎。雲端運算又能夠反哺大數據，精確篩選出有效的資料。雲端運算與演算法的配合則會加快運營的效率。合適的應用場景，則會加快人工智慧的商業落地，使企業迅速搶占先機，立於風口，取得盈利。總之，人工智慧作為新一輪產業變革的核心動力，將會貫穿於生產、分配、交換、消費的各個環節。企業最終借助新技術、新模式引發新的經濟結構變革，影響我們的生活方式與思維模式，實現商業發展的質變。

另外，若要使傳統企業實現人工智慧的快速升級並不容易，傳統企業需要從資料採集、管理結構設計及項目落地等層面進行改變。在以上四個思維要素中，傳統企業首先要考慮人工智慧商業落地的應用場景。只有找到好的落地場景，企業才會明確需要哪項人工智慧技術，然後才能根據確定的場景採集關鍵的人工智慧資料。

綜上所述，企業要在人工智慧的風口求得生存，必須引入「人工智慧 +」的思維方式。「人工智慧 +」的思維要素必須切合企業的定位及使用者的需要，使企業找到最適宜的商業落地場景。

┃9.3.2　企業融入大數據、雲端運算，助力判斷決策

企業要全面升級，迎來質變，必須積極融入大數據，提高雲端運算能力，助力判斷及決策工作。

大數據是人工智慧發展的根基，如果沒有大數據的支撐，那麼人工智慧的發展將會成為無本之木。雲端運算具有強大的能力，它能夠把大數據、裝置應用、訊息管理、網路安全等訊息有效地集結在一起，構成一個複雜高效的網路系統。在這一系統下，智慧型機器就能夠自主地學習，更加人性化地為我們服務。

既然大數據與雲端運算都有如此重要的作用，那麼企業應該如何開發利用這兩項能力呢？

高效利用大數據應從兩個方面做起，如圖 **9-4** 所示。

圖 9-4　高效利用大數據的兩個維度

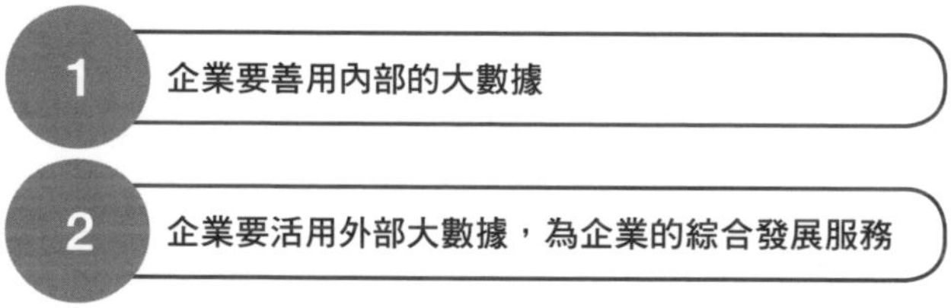

| 1 | 企業要善用內部的大數據 |
| 2 | 企業要活用外部大數據，為企業的綜合發展服務 |

一方面，企業要盤活內部的大數據。

過去，由於網路技術落後，人力開發資料的成本也較高，許多優質資料都被廢置，常常散落在不同的部門。另外，企業一般都重視人情關係的維護，不太重視資料行銷工作，導致許多應用場景的資料都還處於最原始的階段。被棄置的資料猶如一片死水，毫無活力，也不能為企業的動態運營提供好的資料支撐。

盤活企業內部的大數據，首先企業要運用最先進的網路技術，做好企業內部各部門的資料儲存工作；其次企業要引入人工智慧技術，對大數據訊息進行智慧篩選，挑選出最有效的產品資料訊息或客戶的資料訊息，為資料化運營提供智力支撐；最後企業要引入優秀的資料統計人才，結合人力與人工智慧，共同最佳化企業內部的資料資源。

另一方面，企業要活用外部大數據，為企業的綜合發展服務。

在共享經濟時代，要取得最終的盈利，企業必須在競爭中求合作，在合作中促發展。外部的資料為企業的發展提供了一系列明確的訊息，能夠使企業對外部的商業世界有更為全面的了解。做到了知彼，才能更好地完善企業自身的發展。

在資料化的浪潮中，企業既擁有龐大的大數據資源，又需要外部相關企業提供的資料資源。在活用外部大數據資源的時候，企業要學會綜合利用媒介渠道，學會跨終端、跨平台對外部資料訊息進行高效整合，最終挖掘出資料的價值，為企業的行銷、盈利服務。

在利用外部大數據的時候，企業要遵循以下三個原則。

■ 成本最低原則：這樣可以節省基礎設施購買的費用及維護開支。

■ 方便簡單的原則：有助於迅速融入外部環境，從而高效獲取外部資料。

■ 安全性原則：利用雲資料資源，即使在異地，企業也能高效安全地獲取有效資料。

如何利用雲端運算迅速提高企業的運營能力和生產力？具體流程如下：

第一，利用雲端運算進行資料複製。在傳統的資料獲取中，企業需要借助專業的人才及相當煩瑣的資料獲取工具進行資料的複製，這樣會增加獲取資料的成本。如今，借助超強的計算能力，企業可以迅速複製多個資料訊息，同時可以保障資料儲存的安全。

第二，利用雲端運算進行訪問控制。過去，一些駭客為了竊取外部資料，能夠輕易破解我們的內部網路設定。利用雲端運算，我們能夠有效控制這樣的訪問，因為雲端運算採用分散式儲存技術，安全控制的能力比以往任何時期都強。

第三，借助雲端運算促進產品的創新。雲端運算能夠促進企業進行平台創新和產品創新。例如，金融企業或機構可以借助雲端運算，智慧地為使用者提供最新的產品或服務。

第四，借助雲端運算促進產品的外包服務。例如，借助雲端運算，企業可以輕易將產品外包到世界各地，這樣既節省了往返溝通的運輸成本，也節省了大量的時間，最終會使企業的利益最大化。

第五，利用雲端運算技術，促進企業的遠端辦公。借助雲端運算，企業員工可以隨時隨地開展工作，企業管理者與企業員工也可以進行高效的溝通；同時，跨國企業間的溝通也可以輕鬆透過網路渠道實現。這樣不僅節省了運輸成本，還能夠提升辦公效率。

綜上所述，融入大數據，提升雲端運算，會使企業的運營更加科學、高效，使企業的服務更加以人為本，企業的利潤也會節節攀升。

▋9.3.3 創業者要創新技術，做領域內的 NO.1

無論是在網路發展的早期，還是如今的人工智慧時代，創業要做到強大，就必須利用高精尖技術，在技術的助力下，一步步地進行產品創新，最終達到質變，成為領域內的 NO.1。

縱觀網路時代的創業公司，它們的發展都離不開技術的創新。

蘋果公司的成功就是一個典型的案例。

一方面，蘋果公司很注重產品的創新。

1997 年賈伯斯重新執掌蘋果公司時，蘋果公司的產品線非常多。賈伯斯覺得業務過多，必然不會有過於出彩的產品。於是他提出，蘋果公司以後只注重生產專業型產品與創新型產品，其他類型的產品全部停止生產，這樣，集中人力與財力促進了蘋果公司手機的創新。

正是由於注重技術的創新，在賈伯斯時代，才打造了屬於蘋果公司的輝煌，蘋果公司在那時就引領了智慧型手機的潮流。

在賈伯斯之後，蘋果公司仍然秉承著創想的理念。在人工智慧時代，蘋果公司率先研發出「刷臉解鎖」的智慧型手機，引領了新的時代潮流。

另一方面，蘋果公司極其注重產品的核心性能與品質。

蘋果公司在產品的生產過程中為了力求完美，經常推倒重來。工作人員與團隊付出了巨大的努力，耗費了大量精力，最終做出了讓客戶產生共鳴的產品，建立了與客戶的信任關係。

另外，蘋果公司始終向客戶灌輸產品的內涵。他們注重產品的細節打造與品牌建設，爭做業界的 NO.1。他們把自己的產品的外在形式、質量、價格、售後服務等訊息全面灌輸給客戶，因此客戶才相信他們的產品。

蘋果公司無論是從產品創新還是產品品質、細節方面都做到盡善盡美，得到了客戶的信任，成了智慧型手機領域內的王者。

在人工智慧時代，企業應如何創新呢？具體要從四個維度做起，如圖 9-5 所示。

圖 9-5 人工智慧時代企業創新的四維度

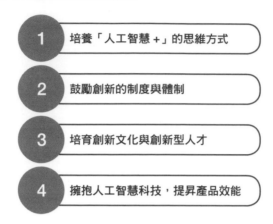

1 培養「人工智慧＋」的思維方式

2 鼓勵創新的制度與體制

3 培育創新文化與創新型人才

4 擁抱人工智慧科技，提昇產品效能

首先，培養「人工智慧＋」的思維方式。所謂「人工智慧＋」的思維方式，就是借助大數據的儲存能力及雲端運算的挖掘分析能力，同時借助深度學習技術共同形成全新的業務體系。

「人工智慧＋」的思維方式必須滲透企業生產的各個環節，在不斷變革的過程中實現企業升級，最終形成新時代的商業模式與產品形態。在具體的實踐中，企業必須進行跨界融合，擴展已有的業務，在融合人工智慧技術的條件下，創造新的產業價值。同時，企業要積極採用軟硬體結合的方法，打造適應新時代的創新型商務模式。

其次，鼓勵創新的制度和機制。創新的制度和機制，有利於激發企業的發展活力，提升企業的創新驅動能力。

機制體制的創新涉及多項內容，最主要的是制定創新的政策與措施。例如，設定企業內部的技術創新獎，對有創造力的員工給予物質獎勵、精神鼓勵或者提拔任用等。

再次，培育創新文化與創新型人才。企業創新能力的提升不能缺少良好的文化氛圍。良好的文化氛圍包括企業的成長目標、企業戰略理念、公司制度及組織文化等。培養創新的文化，必須在觀念層面進行全新變革。例

如，努力為客戶創造新的價值，以客戶的滿意度作為企業經營的核心文化理念。

另外，企業若要全面提升自主創新能力，就必須培養企業內部的創新型人才，在吸納員工的時候要篩選出學歷高、素質高的優質人才。在具體的工作環節中，企業要提高員工的專業水平及員工的工作能力和工作熱情。只有不斷推行全員創新，在企業的各個崗位及各個工作流程培養新的人才，才能夠發揮人才的創造性，促進企業的長久發展。

最後，擁抱人工智慧科技，提升產品性能。人工智慧科技借助種種優越的效能，能夠在企業產品的研發、生產、行銷及售後服務等多方面提供資料支撐和好的建議規劃。大數據技術能夠全面分析客戶對產品的喜好，企業可以據此生產深受客戶喜愛的產品；雲端運算技術及深度學習技術能夠做到智慧推薦，客戶可以更快地獲得他們想要的產品訊息，從而提高行銷的效率；借助人工智慧技術，企業能夠全方位把握產品的綜合訊息，最終提高產品的效能與核心競爭力。這樣，產品才能不斷地疊代更新。

綜上所述，只有擁抱人工智慧科技，在企業內部打造一片適合創新的土壤，積極培養優秀的員工，企業才能打造出綜合性能高的產品，成為業內的 NO.1。

▌9.3.4　尋找並投資深度學習技術人員

人工智慧已經成為新的資本風口。基於機器視覺技術的深度學習技術，無疑是人工智慧領域的聖杯，將成為企業創新式發展的新引擎。

深度學習基於深度神經網路模型，深入分析巨量資料，最終探尋事物發展的規律。典型的深度學習演算法包括循環神經網路、卷積神經網路、深度信念網路等。如今，深度學習方法已成為人工智慧領域研究和投資的熱點。

若要提高人工智慧實力，企業必然要尋找並投資深度學習技術人員。那麼，在人工智慧時代，面臨企業升級，企業具體應該如何發現優秀的深度學習人才，為企業轉型做好人才支撐呢？

具體要遵循三個步驟，如圖 **9-6** 所示。

圖 9-6 發掘優質人工智慧人才的三個步驟

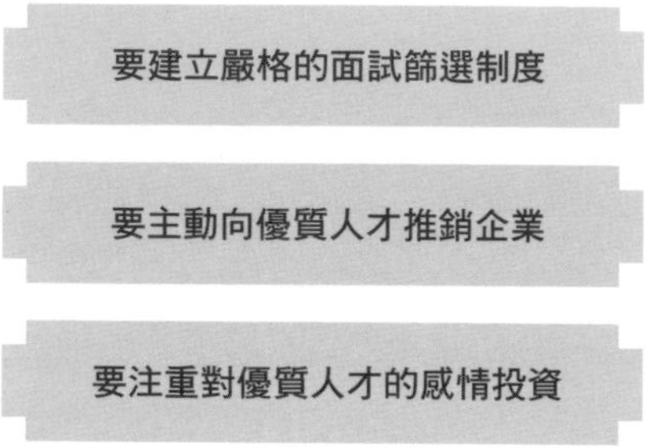

要建立嚴格的面試篩選制度

要主動向優質人才推銷企業

要注重對優質人才的感情投資

首先，要建立嚴格的面試篩選制度。面試官應該奉行「優質人才配優質崗位」的原則，在技術崗位候選人的抉擇中一定要秉承「寧缺毋濫」的原則，這樣才能招到優質的科技人才。

人才審核過程也一定要嚴謹，要秉著對公司最佳的錄用原則。要做好這一點，就要設定三輪面試的機制。第一輪由企業內部的面試官進行綜合考察；第二輪由公司內部相關部門的權威人士進行細緻考核；第三輪則由老闆親自出面進行把關考核。企業只有做到層層篩選，才能在面試環節找到最符合企業發展的優質科技人才。

其次，要主動向優質人才推銷企業。企業在「毛遂自薦」的過程中，要具有宣傳的戰略或策略。一方面，企業要突出自己的品牌優勢或良好的發展前景。在宣傳企業品牌時，企業一定要力求真實，做到有價值、有個性。唯有這樣做，才能吸引優質人才。

另一方面，企業透過優秀員工的宣傳介紹，引進優質的科技人才。要做到這些，就必須進行良好的企業文化建設，培養優秀員工對企業的忠誠度與熱愛程度。這樣，優秀員工就會成為效率最高的獵頭，為企業做好正面的品牌宣傳，為企業引進更優質的人才。

最後，要注重對優質人才的感情投資。對企業的發展來說，無論如何都要注重對優質人才的感情投資。以情動人才是招收優質人才的撒手鐧，同時也能長久地留住人才。作為企業管理者或領導者，需要在員工工作低落期多鼓勵，在工作浮躁期，以理服人，使他們戒驕戒躁。最終，透過德理兼備的管理方式，獲得優質人才的認可。

綜上所述，在人工智慧時代，企業的發展離不開具有深度學習技術的人才。要挖掘培養優秀的技術骨幹，就必須嚴格篩選、主動推薦及加大感情投資。只有這樣，企業才會加快科技化的轉型升級步伐。

9.3.5 跨越鴻溝，主打創新使用者

所謂「鴻溝」，就是高科技產品在市場行銷中面臨的種種障礙，特別是在發展中面臨的最大問題。高科技產品要在市場上立足，就必須跨越早期發展的鴻溝。而要跨邁鴻溝，就必須首先向創新使用者進軍。

傑佛瑞·墨爾是高科技行銷魔法之父，在他的經典著作《跨越鴻溝》（Crossing the Chasm）中，他把使用者分成三種類型，如圖 9-7 所示。

圖 **9-7** 高科技產品的三類使用者

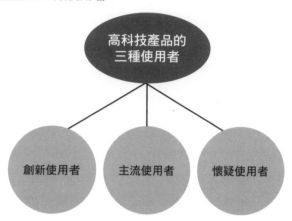

第一類使用者是創新使用者。他們大都是技術愛好者及熱衷新型產品的人，例如，「果粉」及高科技產品的「發燒友」。創新使用者在高科技產品的所有使用者中占比為 10% 左右。

第二類使用者是主流使用者。主流使用者一般不會急於買新產品，而是在不斷觀望市場行情及產品的效能穩定程度和完善程度。他們對高科技產品的判斷，一般都來自創新使用者。如果創新使用者認為產品非常好、效果極好，那麼他們就會積極購買產品。總之，雖然這類使用者的占比達到 80%，但是他們的消費觀念仍然是較為保守的。

第三類使用者是懷疑使用者。這類使用者是徹底的保守主義者，他們總是懷念、喜愛舊的科技產品，拒絕擁抱新的科技產品。在他們眼裡，一切新技術和新事物，都比不上老技術和老產品。這類使用者的占比也在 10% 左右。

在傳統時代，許多科技型企業都遵循傳統的行銷觀念，認為只有打開主流使用者的大門，讓他們滿意，產品才會有好的銷路。這種想法是好的，但是忽略了主流使用者的特性。所以，在新時期，高科技企業需要有新理念，要直接把產品瞄準創新使用者，讓他們去體驗新產品的綜合性能，之後再進行口碑宣傳，這樣才能跨越鴻溝，使產品成為主流產品。

這裡，我們以智慧型手機的銷售為例進行系統的説明。

科技的進步使每一款智慧型手機的功能差別不大，但是有的智慧型手機逐漸銷聲匿跡，有的卻風生水起，這與它們的行銷策略有著密切的聯繫。

蘋果公司借助高穩定性及獨特的科技穩坐市場第一的寶座，同時，它十分注重「果粉」的體驗。蘋果公司一直把「果粉」的回饋建議作為完善產品功能的出發點和落腳點。

小米手機憑藉獨特的系統及飢餓行銷的策略吸引使用者。同時，小米還建立了一個「小米社群官方論壇」，供「米粉」進行討論。在這裡，「米粉」之間互通有無，全面交流產品的效能及性價比，供後期使用產品的人參考。

OPPO 的核心賣點是美拍技術，它開創了「手機自拍美顏」的全新時代。OPPO 的成功其實就是抓住了創新使用者。新一代的年輕人無疑是創新使用者，他們愛美、愛自拍，有著新的消費觀點，敢於嘗試新的科技產品。由此，OPPO 手機在年輕群體中熱賣。同時由於被年輕人感染，一些中年人也開始使用 OPPO 手機。

這些公司之所以能盈利，就在於他們不僅找到了產品的核心賣點，還找到了創新使用者。用創新使用者帶動主流使用者，促進產品打開消費市場。

綜上所述，科技類企業要跨越鴻溝，就必須找到創新使用者，找到這類使用者的消費痛點，尋求單點突破。在此基礎上，企業要以點帶面，集中力量拉動其他主流使用者，最終打造出立足於市場的科技產品。

9.3.6　關於超級智慧商業化場景的無限想像

如今，人工智慧在家居、醫療、交通、教育及金融等不同領域皆有不同程度的滲透。但在落地的過程中，人工智慧仍面臨許多問題，比如資料傳輸與儲存壓力越來越大；人工智慧技術應用對資料傳輸和處理要求更加嚴格等。如今，5G 技術帶來更大的頻寬、更快的傳輸速度、更低的通訊延時等眾多優勢，因此，5G 技術成為驅動人工智慧的新動力。

如果企業要在人工智慧領域和 5G 技術上取得快速突破，迎來轉型升級，就必須在資料和場景上下足功夫。人工智慧在資料方面的問題主要包括三個方面，如**表 9-1** 所示。

表 9-1 人工智慧資料存在的三個問題

問題 1	傳統產業大數據量少。
問題 2	大數據即時更新效率低。
問題 3	缺乏專業領域的資料專家。

第一，傳統產業大數據量少。例如，傳統的工廠及電力公司。

第二，大數據即時更新效率低。例如，在無人駕駛領域，如果存在網路延遲，自動駕駛車輛就不能獲得周圍的環境訊息，特別是公路的車流情況、天氣變化情況，以及紅綠燈的變化和行人的聚散程度。這樣，就容易造成各種交通事故。

第三，缺乏專業領域的資料專家。人工智慧資料的最佳化處理必須借助專業領域內的權威知識或經驗，特別是在人工智慧醫療領域。大數據的採集工作可以交給人工智慧來處理，但是，專業的資料解讀必須借助專業的醫生。目前，若要使人工智慧迅速落地，我們必須將資料分析技術與專業知識融合，培養新一代的綜合型人才。

一切技術上的障礙，都可以透過技術的進步逐漸化解。對於人工智慧資料中存在的三個問題，相關科研機構將會不遺餘力地透過演算法的開發及深度學習技術的應用來解決。想要實現轉型，達成質變的企業則需要投入資金，積極運用這些技術，為自己的產品創新或企業升級做準備。

人工智慧資料處理是基礎，場景落地是關鍵。在逐步解決資料問題之後，企業就要著手解決具體的商業落地問題。

首先，尋找應用場景其實沒有什麼竅門，最關鍵的是深入實踐。在深入實踐的過程中，技術工作者要多溝通、多學習，用親民的話語與人們進行交流，這樣才能了解人們真正的需求及目前研發的人工智慧產品的缺點，企業才能找到好的突破口，研發出人們喜聞樂見的人工智慧產品。

其次，人工智慧的場景落地要遵循流程化的原則。所謂流程化，就是要循序漸進，從一個個小的場景區落地，逐步解決痛點，最終才能有一個美好的未來。

最後，要用長遠的眼光看待目前發展中存在的問題。只站在目前的時代看人工智慧，人工智慧的發展必然不會有太大的突破，科學家或企業家要用長遠的眼光看人工智慧的發展。盡情展望 10 年後或 50 年後，人工智慧將會有什麼樣的進展。只有這樣，我們才能擘畫出人工智慧的藍圖，才會有一個具體的人工智慧奮鬥規劃。

綜上所述，目前人工智慧在商業落地時仍存在資料問題及具體的場景落地問題。面對這些問題，科學家要透過 AI 技術和 5G 技術的提升來解決資料問題，企業家則需要高瞻遠矚，透過暢想並落實具體的場景來解決人工智慧商業發展的問題。

5G 與人工智慧的商業運用

作　　者：王寧 / 張冬梅 / 喻俊志 / 王騫
企劃編輯：莊吳行世
文字編輯：王雅雯
設計裝幀：張寶莉
發 行 人：廖文良

發 行 所：碁峰資訊股份有限公司
地　　址：台北市南港區三重路 66 號 7 樓之 6
電　　話：(02)2788-2408
傳　　真：(02)8192-4433
網　　站：www.gotop.com.tw
書　　號：ACN036000
版　　次：2020 年 07 月初版
建議售價：NT$320

國家圖書館出版品預行編目資料

5G 與人工智慧的商業運用 / 王寧, 張冬梅, 喻俊志, 王騫原著.
-- 初版. 臺北市；碁峰資訊, 2020.07
　面；　公分
　ISBN 978-986-502-549-6(平裝)
　1.無線電通訊業　2.技術發展　3.產業發展
484.6　　　　　　　　　　　　　　　109008783

讀者服務

● 感謝您購買碁峰圖書，如果您對本書的內容或表達上有不清楚的地方或其他建議，請至碁峰網站：「聯絡我們」\「圖書問題」留下您所購買之書籍及問題。(請註明購買書籍之書號及書名，以及問題頁數，以便能儘快為您處理)
http://www.gotop.com.tw

● 售後服務僅限書籍本身內容，若是軟、硬體問題，請您直接與軟體廠商聯絡。

● 若於購買書籍後發現有破損、缺頁、裝訂錯誤之問題，請直接將書寄回更換，並註明您的姓名、連絡電話及地址，將有專人與您連絡補寄商品。